Aritmética de Kiselev

A. P. Kiselev

Aritmética de Kiselev

El tratado clásico ruso de aritmética

Más de 125 años en edición

Traducido del ruso por
Valery Manokhin, PhD

Northern Star Academic Press
2026

Aritmética de Kiselev

Publicado por Northern Star Academic Press
`russianmathbooks.com`

ISBN 978-1-919012-70-4 (Edición en rústica)
ISBN 978-1-919012-71-1 (Tapa dura)

Composición tipográfica en LaTeX

Primera edición en español latinoamericano: 2026

Prefacio del traductor

Andréi Petróvich Kiselev (1852–1940) ocupa un lugar singular en la historia de la educación matemática. Nacido en Mtsensk, en la provincia de Oriol, ya en la escuela tuvo que ganarse la vida dando clases particulares; aquella experiencia parece haber definido pronto su vocación. En 1871 ingresó en la Facultad de Física y Matemáticas de la Universidad de San Petersburgo, donde enseñaban P. L. Chebyshov, D. I. Mendeléiev, A. N. Korkin, D. I. Zolotariov y Yu. V. Sokotski, y terminó sus estudios en 1875, antes que sus compañeros de curso. Después renunció a la carrera universitaria que tenía abierta ante sí y dedicó toda su vida laboral a la enseñanza escolar y a la redacción de libros de texto.

Su *Aritmética* apareció por primera vez en 1884. Alcanzó unas treinta y seis ediciones antes de ser aprobada, en 1938, como libro de aritmética para quinto y sexto grados de la escuela soviética, y siguió cumpliendo esa función durante décadas; en ese recorrido continuo, más de 80 millones de niños aprendieron a calcular con las páginas de Kiselev. La tradición rusa de los libros escolares de matemáticas se remonta a tres siglos; entre sus muchos nombres ilustres, el de Kiselev es aquel con el que aprendió prácticamente todo el mundo.

La longevidad del libro no fue casual. Lo que lo distingue no es la novedad de su contenido —la aritmética no había cambiado—, sino el orden en que se presentan las cosas. Kiselev no introduce nada antes de que haga falta ni nada sin explicar su razón, y enseña casi por completo mediante cálculos resueltos: se enuncia la regla y luego se desarrolla la operación entera en la página, para que el lector pueda seguir cada paso. Es un libro que respeta la inteligencia del lector y nunca lo apresura.

La presente traducción abarca la obra completa: las seis secciones en que Kiselev la divide, con todos los artículos numerados del § 4 al § 214, desde la denominación de los números enteros hasta la divisibilidad, la medición de magnitudes, las fracciones comunes y decimales y las magnitudes proporcionales; el libro concluye, como el original, con una tabla de números primos.

Conviene hacer algunas observaciones sobre la traducción.

Fidelidad al original. El principio rector ha sido reproducir exactamente el razonamiento de Kiselev —su orden de exposición, la elección de sus ejemplos, sus cálculos desarrollados y su voz pedagógica característica—, al mismo tiempo que se presenta el texto en un español latinoamericano natural y actual. No se ha añadido, omitido ni reorganizado nada. En particular, los ejemplos resueltos aparecen tal como los dio el autor: donde divide 64528 entre 23, el lector encontrará esa división y no otra más sencilla en su lugar.

Notación. El original emplea los dos puntos ":" para la división, el punto elevado "·" para la multiplicación y la coma como separador decimal. En esta edición se conservan los dos primeros usos, habituales en la escritura matemática internacional; el punto decimal se utiliza de manera uniforme para facilitar la lectura en la edición latinoamericana y el espacio fino irrompible agrupa los millares cuando resulta necesario. La expresión rusa *obyknovennaya drob'* se traduce sistemáticamente como "fracción común".

Numeración. El texto está organizado en artículos numerados que corren de manera continua por todo el libro, independientemente de las fronteras entre secciones. Esta numeración, que sostiene un extenso sistema de referencias internas, se ha conservado exactamente.

Disposición de los cálculos. Las divisiones en columna, las conversiones de base y las sumas verticales se presentan en columnas, como en el original, en vez de convertirse en texto corrido. Su alineación forma parte de la enseñanza: un lector que no pueda ver las columnas no puede seguir el método.

Exactitud. El texto se ha comprobado de principio a fin, y se han corregido los pocos errores aritméticos y tipográficos que se habían acumulado en ediciones anteriores.

Espero que esta traducción haga accesible la aritmética de Kiselev a nuevos lectores: estudiantes, docentes y cualquiera que valore un libro de matemáticas en el que cada oración cumple una función.

Valery Manokhin, PhD
Londres, 2026

Índice

Sección I
NÚMEROS ENTEROS

I. Números enteros, sus nombres y su notación

§ 1. Concepto de número entero. Un objeto y otro objeto forman dos objetos; dos objetos y otro objeto forman tres objetos; tres objetos y uno forman cuatro, y así sucesivamente. Uno, dos, tres, cuatro, etcétera, se llaman números enteros.

El número uno también se llama unidad. El número dos puede considerarse como un conjunto de dos unidades, el número tres como un conjunto de tres unidades, y así sucesivamente. Por lo tanto, todo número entero es una unidad o un conjunto de varias unidades. Además de los números enteros, la aritmética estudia también otros números. Los conoceremos más adelante.

§ 2. La sucesión natural. Si a una unidad se añade otra unidad, al número obtenido se le añade nuevamente una unidad, luego otra unidad, y así sucesivamente, se obtiene la sucesión natural de los números: uno, dos, tres, cuatro, cinco, seis, etcétera.

El número menor de esta sucesión es uno; no existe un número mayor, porque a cualquier número, por grande que sea, se le puede añadir otra unidad y obtener un número todavía mayor. Por consiguiente, la sucesión natural puede continuarse sin fin; por eso se dice que es infinita.

El número tres es menor que el número cinco, que aparece en la sucesión natural después del tres; en efecto, para obtener el número cinco hay que añadir dos unidades a las tres unidades de las que está compuesto el número tres. En general, dados dos números distintos, el menor será siempre el que aparezca antes en la sucesión natural; para obtener a partir de él el segundo número, que aparece después, hay que añadir al primero una o varias unidades, es decir, aumentarlo. Por lo tanto, el segundo número es mayor que el primero.

De dos números, es menor aquel que aparece antes en la sucesión de los números naturales, y es mayor aquel que aparece después.

§ 3. Conteo. Para saber cuántas mesas hay en el salón de clases o cuántos árboles hay en el jardín, debemos contarlos. Contar consiste en separar un objeto tras otro (en realidad o solo mentalmente) y nombrar cada vez el número de objetos separados. Así, al contar las mesas del salón, separamos mentalmente una mesa tras otra y decimos: uno, dos, tres, cuatro, etcétera. Si al separar la última mesa dijimos, por ejemplo, ocho, significa que en el salón hay ocho mesas; en este caso, el número ocho es el resultado del conteo.

Aceptamos como una verdad evidente que el resultado del conteo no depende del orden en que contemos los objetos. Así, al contar las mesas del salón, obtendremos el mismo número, independientemente de que contemos desde las mesas del frente hacia las del fondo o desde las del fondo hacia las del frente. Lo importante es que, al contar, no se omita ninguna mesa ni se cuente ninguna dos veces.

§ 4. Nombres de los números hasta mil. Los primeros diez números de la sucesión de los números naturales tienen los siguientes nombres:

uno, dos, tres, cuatro, cinco, seis, siete, ocho, nueve, diez (o una decena).

Con estos nombres y algunos otros también pueden expresarse otros números. Supongamos, por ejemplo, que queremos nombrar el número de las marcas colocadas aquí:

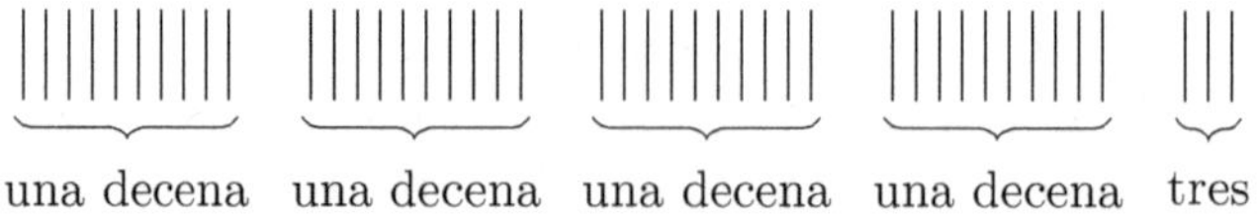

Para ello, contamos diez marcas y las separamos de las demás; luego contamos otras diez marcas y las separamos de las demás. Continuamos contando de diez en diez de esta manera hasta que no quede ninguna marca o queden menos de diez. Ahora contamos las decenas y las marcas restantes (o unidades); como resultaron cuatro decenas y tres marcas restantes, podemos nombrar el número total de marcas de la siguiente manera:

cuatro decenas y tres unidades.

Cuando un número contiene más de diez decenas, se procede así: se cuentan diez decenas, después otras diez decenas, luego otras diez decenas, etcétera, hasta donde sea posible. Cada diez decenas se nombra con una sola palabra: cien, o una centena. Supongamos que en cierto número hay tres centenas, cinco decenas restantes y siete unidades restantes; ese número puede nombrarse así: tres centenas, cinco decenas y siete unidades. Si en el número hay más de diez centenas, esas centenas también se cuentan como decenas. Cada diez centenas se nombran con una sola palabra: mil.

§ 5. Abreviación de algunos nombres. En nuestro idioma se usan algunos nombres abreviados de los números. Así, diez más uno se llama once (es decir, uno sobre diez); diez más dos se llama doce (es decir, dos sobre diez), etcétera. Dos decenas se llaman veinte (es decir, dos-diez); tres decenas se llaman treinta (es decir, tres-diez); cuatro decenas se llaman cuarenta, etcétera. Dos centenas se llaman doscientos; tres centenas, trescientos, etcétera.

§ 6. Notación de los números hasta mil. Los primeros nueve números se representan mediante signos especiales o cifras:

1, 2, 3, 4, 5, 6, 7, 8, 9.

Con estas nueve cifras y la décima cifra, 0 (cero), que indica la ausencia de objetos, se puede representar cualquier número. La cifra 0 indica que no hay ningún objeto;

la cifra 1, que hay un solo objeto; etcétera. Para representar un número con cifras, se ha convenido escribir: las unidades simples, en el primer lugar contado desde la derecha; las decenas, en el segundo; las centenas, en el tercero; por ejemplo:

el número cuarenta y dos se representa	42
cuarenta	40
el número trescientos cuarenta y cinco se representa	345
trescientos cuarenta	340
trescientos siete	307
trescientos	300

Todas las cifras, excepto el cero, se denominan cifras significativas. Los ejemplos anteriores muestran la necesidad de introducir el cero. Así, en la escritura del número trescientos cuarenta (340), no se puede omitir el cero, porque 34 significa treinta y cuatro. En cambio, los ceros situados a la izquierda de la primera cifra significativa pueden omitirse y casi siempre se omiten; 045 significa lo mismo que 45; 007 es lo mismo que simplemente 7. En estas condiciones, un número representado por una sola cifra se llama número de una cifra; por dos cifras, número de dos cifras; por tres cifras, número de tres cifras; etcétera.

§ 7. Nombres de los números mayores que mil. Cuando los objetos que se cuentan son más de mil, se forman con ellos tantos miles como sea posible; luego se cuentan los miles y las unidades restantes, y se nombra el número formado por ambos; por ejemplo: doscientos cuarenta mil quinientas sesenta y dos unidades.

Mil miles forman un millón; mil millones (10^9) corresponden al «millardo» de la fuente, que también registra la denominación histórica «billón»; mil unidades de mil millones forman un billón (10^{12}; «trillón» en la fuente), etcétera.[1)]

§ 8. Notación de los números mayores que mil. Supongamos que se requiere escribir el número: treinta y cinco mil millones, ochocientos seis millones, siete mil sesenta y tres unidades. Puede escribirse con cifras y palabras así:

35 mil millones 806 millones 7 mil 63 unidades.

Para poder prescindir por completo de las palabras, se acordó, en primer lugar, escribir juntas las cantidades de miles de millones, millones, miles y unidades simples, en una sola línea, de izquierda a derecha; y, en segundo lugar, representar cada una de estas cantidades siempre con tres cifras; es decir, en lugar de escribir 63 unidades, escribir 063; en lugar de escribir 7 mil, escribir 007, etcétera.

[1)] En la nomenclatura de la fuente, después siguen las denominaciones «cuatrillón» (mil «trillones» de la fuente, 10^{15}), «quintillón» (mil «cuatrillones» de la fuente, 10^{18}), «sextillón» (mil «quintillones» de la fuente, 10^{21}), etcétera. Las potencias se explicitan para evitar la ambigüedad entre escalas numéricas.

Entonces nuestro número se representará así:

035806007063.

Sin embargo, tampoco aquí se escriben los ceros de la izquierda; es decir, nuestro número se representa así:

35806007063.

Por último, el mismo número se escribe a menudo sin separaciones:

35806007063.

En este caso, se debe recordar que las tres primeras cifras de la derecha indican la cantidad de unidades; las siguientes tres cifras hacia la izquierda indican la cantidad de miles; las tres cifras siguientes, la cantidad de millones; y así sucesivamente. Por ejemplo:

567002301	significa....	567 millones, 2 mil y 301 unidades
15000026	....	15 millones y 26 unidades
2008001020	....	2 mil millones, 8 millones, 1 mil y 20 unidades, etcétera

§ 9. Cómo leer un número escrito en una larga sucesión de cifras. Para leer con mayor facilidad un número representado por una larga sucesión de cifras, por ejemplo este: 5183000567029, se separan mentalmente en él, empezando por la derecha (por ejemplo, con una coma colocada arriba), grupos de tres cifras hasta donde sea posible:

5'183'000'567'029.

La primera coma empezando por la derecha representa la palabra «miles»; la segunda, «millones»; la tercera, «mil millones»; la cuarta, «billones». Por lo tanto, nuestro número debe leerse así:

5 billones 183 mil millones 567 mil 29.[2)]

Por lo general, al último número no se le añade la palabra «unidades».

Si el mismo número se escribe dejando un espacio después de cada tres cifras, contando desde la derecha:

5 183 000 567 029,

se puede leer fácilmente incluso sin colocar comas.

[2)] La fuente impresa muestra aquí la cadena «518356729», que no coincide con la agrupación «5'183'000'567'029». En esta edición se conserva la agrupación matemática coherente y se hace explícita la corrección editorial.

§ 10. El valor de las posiciones ocupadas por las cifras. Con esta manera de escribir los números, cada posición ocupada por una cifra tiene su propio significado, a saber:

1.ª unidades simples
2.ª decenas
3.ª centenas
4.ª unidades de mil
5.ª decenas de mil
6.ª centenas de mil
7.ª unidades de millón
8.ª decenas de millón
9.ª centenas de millón
10.ª unidades de mil millones

y así sucesivamente.

Vemos, pues, que nuestro sistema de notación se basa en el uso de diez cifras, a las que se atribuye un doble significado: uno, según la forma de la cifra; otro, según la posición que ocupa la cifra; a saber: de dos cifras escritas una junto a la otra, la de la izquierda representa unidades diez veces mayores que la de la derecha.

§ 11. Órdenes de las unidades. A veces es más conveniente llamar de otra manera a las unidades, decenas, centenas, miles, etcétera; a saber:

las unidades se llaman unidades de primer orden (o unidades simples); las decenas, unidades de segundo orden; las centenas, unidades de tercer orden; y así sucesivamente.

Todas las unidades, excepto las unidades simples (unidades de primer orden), se llaman unidades compuestas. Así, una decena, una centena y una unidad de mil son unidades compuestas.

Toda unidad compuesta se llama unidad de orden superior con respecto a otra unidad menor que ella, y unidad de orden inferior con respecto a una unidad mayor que ella; así, una centena es una unidad de orden superior con respecto a una decena y una unidad de orden inferior con respecto a una unidad de mil.

Toda unidad compuesta contiene 10 unidades del orden inmediatamente inferior; por ejemplo, una centena de mil contiene 10 decenas de mil, una decena de mil contiene 10 unidades de mil, etcétera.

§ 12. Clases de unidades. Los órdenes de las unidades se agrupan además en clases; a la primera clase pertenecen los tres primeros órdenes: centenas, decenas y unidades; a la segunda clase pertenecen los tres órdenes siguientes: unidades de mil, decenas de mil, centenas de mil, etcétera. La primera clase es la clase de las unidades (contiene centenas, decenas y unidades simples). La segunda clase es la clase de los miles (contiene centenas, decenas y unidades de mil), y así sucesivamente.

§ 13. Cómo saber cuántas unidades de un determinado orden hay en un número. Supongamos que se requiere saber cuántas centenas en total contiene el número 56284, es decir, cuántas centenas están contenidas en las decenas de mil, en las unidades de mil y en las centenas de este número juntas.

Las centenas simples se colocan en el tercer lugar desde la derecha; en el número dado, en el tercer lugar está la cifra 2; por lo tanto, el número contiene dos centenas simples. La siguiente cifra hacia la izquierda, 6, representa miles, pero en cada mil hay 10 centenas; por lo tanto, en 6 miles hay 60 centenas. La siguiente cifra hacia la izquierda, 5, representa decenas de mil, pero cada decena de mil contiene 10 unidades de mil y, por consiguiente, 100 centenas; por lo tanto, en 5 decenas de mil hay 500 centenas. En total, entonces, el número dado contiene 500 más 60 más 2 centenas, es decir, 562.

Del mismo modo, sabemos que el número contiene en total 5628 decenas.

Regla. Para saber cuántas unidades de un determinado orden contiene un número, se deben descartar todas las cifras que representan unidades de órdenes inferiores y leer el número expresado por las cifras restantes.

II. Diversos sistemas de numeración. Cifras romanas

§ 14. Concepto de los sistemas de numeración. Todo método general para nombrar y representar números se denomina sistema de numeración, o numeración. Nuestro sistema de numeración se denomina decimal (o de base diez), porque, según este sistema, 10 unidades de un orden forman una unidad del siguiente orden superior. Por eso, el número 10 se llama base del sistema decimal de numeración. Todo número N, según este sistema, se representa descompuesto en unidades simples, decenas, centenas, miles, etcétera, de modo que la cantidad de unidades de cada orden sea menor que 10. Si suponemos que el número N contiene a unidades simples, b decenas, c centenas, d miles, etcétera, este número representa la suma

$$N = a + b \cdot 10 + c \cdot 10^2 + d \cdot 10^3 + \ldots.$$

Se pueden imaginar otros sistemas en los que se toma como base otro número. Si, por ejemplo, se toma el número 5 como base, se obtiene el sistema quinario, en el que 5 unidades de un orden deben formar una unidad del siguiente orden superior. Así, en el sistema quinario, la unidad del segundo orden sería un cinco; la unidad del tercer orden, 5 cincos, o 5^2; la unidad del cuarto orden, 5 veces 5 cincos, o 5^3; etcétera. Según este sistema, el número N se representaría así:

$$N = a + b \cdot 5 + c \cdot 5^2 + d \cdot 5^3 + e \cdot 5^4 + \ldots,$$

donde cada uno de los números a, b, c, d, e, etcétera, sería menor que 5.

§ 15. Número de cifras necesario para representar números según un sistema dado. Para la representación escrita de los números según el sistema decimal se utilizan 10 signos distintos. Para otro sistema de numeración se necesitaría un número diferente de cifras. Por ejemplo, para el sistema quinario bastarían las cinco cifras siguientes: 1, 2, 3, 4, 0. En efecto, el número 5 representaría, según este sistema, 1 unidad del segundo orden y, por tanto, se escribiría así: 10. El número 6 representaría 1 unidad del segundo orden (un cinco) y 1 unidad del primer orden y, por tanto, se escribiría así: 11, etcétera. Para representar números según un sistema cuya base sea mayor que 10, nuestras cifras no serían suficientes. Por ejemplo, para el sistema duodecimal habría que idear signos especiales para los números 10 y 11, porque nuestras notaciones para estos números expresarían entonces otros números, a saber: 10 significaría 1 unidad del segundo orden, es decir, una docena, y 11 significaría 1 unidad del segundo orden y 1 unidad del primer orden, es decir, 13.

§ 16. Representar en otro sistema un número escrito según el sistema decimal. Como ejemplo, supongamos que se requiere expresar el número 1766 en el sistema quinario mediante las cinco cifras: 0, 1, 2, 3, 4. Primero averiguamos cuántas unidades del segundo orden, es decir, cincos, contiene 1766. Resultan 353, y queda 1 unidad del primer orden. Ahora averiguamos cuántas unidades del tercer orden contiene 353 cincos. Como una unidad del tercer orden contiene 5 unidades del segundo orden, hay que dividir 353 entre 5. Al dividir, encontramos que 353 cincos contienen 70 unidades del tercer orden y 3 unidades del segundo orden. Convertimos las 70 unidades del tercer orden en unidades del cuarto orden; estas últimas, en unidades del quinto orden, etcétera.

1766	5			
26	353	5		
16	3	70	5	
1		20	14	5
		0	4	2

Así encontramos que 1766 contiene 2 unidades del quinto orden, 4 unidades del cuarto orden, 3 unidades del segundo orden y 1 unidad del primer orden; por consiguiente, 1766 se representará en el sistema quinario así: 24031. Supongamos además que se requiere representar 121380 en el sistema duodecimal:

121380	12			
13	10115	12		
18	51	842	12	
60	35	2	70	12
0	11		10	5

Al representar 10 con a y 11 con b, encontramos que el número dado se representará así: $5a2b0$.

§ 17. Representar en el sistema decimal un número escrito en cualquier sistema de numeración. Supongamos, por ejemplo, que se requiere convertir al sistema decimal el número 5623, escrito en el sistema octal. Esto puede hacerse calculando la suma:

$$N = 3 + 2 \cdot 8 + 6 \cdot 8^2 + 5 \cdot 8^3 = 3 + 16 + 384 + 2560 = 2963.$$

Pero es más sencillo proceder así: descompongamos las 5 unidades del cuarto orden en unidades del tercer orden; para ello multiplicamos 5 por 8, porque una unidad del cuarto orden contiene, en el sistema octal, 8 unidades del tercer orden. Al número obtenido le agregamos las 6 unidades del tercer orden que aparecen en el número dado. Después descomponemos las unidades del tercer orden en unidades del segundo orden y agregamos las 2 unidades del segundo orden que aparecen en el número dado; finalmente, descomponemos las unidades del segundo orden en unidades del primer orden y agregamos las 3 unidades del primer orden que aparecen en el número dado. Obtenemos 2963:

$$\begin{array}{r} 5623 \\ \cdot \quad 8 \\ \hline 40 \\ + \quad 6 \\ \hline 46 \\ \cdot \quad 8 \\ \hline 368 \\ + \quad 2 \\ \hline 370 \\ \cdot \quad 8 \\ \hline 2960 \\ + \quad 3 \\ \hline 2963 \end{array}$$

Observaciones.

1) El sistema decimal de numeración está generalizado casi en todas partes; muchos ven la razón de esta difusión en que toda persona se acostumbra desde la infancia a contar con los diez dedos de ambas manos. Sin embargo, el sistema decimal no es el más conveniente. Por ejemplo, en algunos aspectos sería más conveniente el sistema duodecimal, que, sin exigir un gran número de cifras para representar los números, posee la importante propiedad de que su base es divisible exactamente entre 2, 3, 4 y 6, mientras que la base de nuestro sistema solo es divisible entre 2 y 5; consideraciones semejantes sirvieron, probablemente, de fundamento al sistema sexagesimal utilizado en la antigua Babilonia. Para las investigaciones teóricas, el sistema binario resulta el más adecuado; sin embargo, es completamente incómodo para fines prácticos, porque en él incluso un número pequeño se expresa mediante una larga sucesión de cifras (por ejemplo, el número 70 se expresa así: 1000110).

2) Las cifras que utilizamos y el propio sistema para representar los números fueron tomados por los europeos de los árabes (alrededor del siglo XII); por eso estas cifras se llaman arábigas. Sin embargo, hay razones para pensar que, a su vez, los árabes tomaron este sistema de los hindúes.

§ 18. Cifras romanas. Como actualmente las cifras romanas todavía se utilizan a veces para representar números, es útil familiarizarse también con ellas. Los romanos utilizaban para representar números únicamente los siete signos siguientes:

$$I = 1, \quad V = 5, \quad X = 10, \quad L = 50, \quad C = 100, \quad D = 500, \quad M = 1000.$$

Su manera de expresar los números se diferenciaba esencialmente de la nuestra. En nuestro sistema, las cifras cambian de valor al cambiar de posición, pero en la numeración romana conservan su valor en cualquier posición. Cuando se escriben varias cifras romanas seguidas, el número que expresan es igual a la suma de los números expresados por cada cifra; por ejemplo, XXV representa la suma $10+10+5$, es decir, 25; CLXV representa la suma $100 + 50 + 10 + 5$, es decir, 165, etcétera. Las únicas excepciones a esta regla son los seis números siguientes:

$$4 = IV, \quad 9 = IX, \quad 40 = XL, \quad 90 = XC, \quad 400 = CD, \quad 900 = CM.$$

En estas representaciones, el valor de la cifra de la izquierda se resta del valor de la cifra de la derecha. Con esto se entenderán las siguientes representaciones de números:

$$\begin{gathered} I = 1, \quad II = 2, \quad III = 3, \quad IV = 4, \quad V = 5, \quad VI = 6, \\ VII = 7, \quad VIII = 8, \quad IX = 9, \quad X = 10, \quad XI = 11, \quad XII = 12, \\ XIV = 14, \quad XVIII = 18, \quad XIX = 19, \quad XX = 20, \quad XXIX = 29, \\ XLII = 42, \quad LXXXIV = 84, \quad XCV = 95, \quad CCC = 300, \\ MCMXXXVII = 1937. \end{gathered}$$

La cantidad de miles se representa de la misma manera que la cantidad de unidades; solo que, abajo y a la derecha, se coloca la letra m (*mille*, «mil»). Por ejemplo:

$$\text{CLXXX}_m\text{CCCLXIV} = 180\,364.$$

III. Suma

§ 19. Qué es la suma. Las unidades de las que están compuestos varios números pueden reunirse en una sola colección. El número que se obtiene al contar todas las unidades de esa colección se llama suma, y los números que se reúnen en una sola colección se llaman sumandos. Así, 5 fósforos, 7 fósforos y 2 fósforos pueden reunirse en una sola colección de 14 fósforos. El número 14 es la suma de tres sumandos: 5, 7 y 2. Puede haber 2, 3 o más sumandos.

Los sumandos pueden considerarse partes de la suma.

La obtención, a partir de varios números dados, de un número nuevo se llama operación aritmética (para abreviar, la llamaremos simplemente operación).

La operación que consiste en formar la suma de varios números se llama suma de esos números.

El signo de la suma es + (más); por ejemplo, si se escribe:

$$5+7+2,$$

esto significa la suma de los números 5, 7 y 2.

La operación de suma siempre es posible (cualesquiera números pueden reunirse en una sola colección) y siempre da un único resultado.

§ 20. Propiedades fundamentales de la suma. 1) La suma no cambia al cambiar el orden de los sumandos.

Así, la suma 5 + 7 + 2 siempre es igual a 14, cualquiera que sea el orden en que efectuemos la suma:

$$5+7+2=2+7+5=7+5+2=14.$$

Esta propiedad se suele llamar ley conmutativa de la suma, porque consiste en que los sumandos pueden intercambiarse sin cambiar la suma.

En general, esta propiedad para tres sumandos se puede escribir así:

$$a+b+c=a+c+b=b+a+c=b+c+a=c+a+b=c+b+a,$$

donde por las letras se entiende cualquier número.

2) La suma no cambia si sustituimos un grupo cualquiera de sumandos por su suma.

Por ejemplo, la suma 5+7+2 no cambia si sustituimos los sumandos 7 y 2 por su suma:

$$5+7+2=5+9=14.$$

Esta propiedad se llama ley asociativa de la suma, porque consiste en que podemos asociar (unir) cualesquiera sumandos en un solo número (en un solo grupo).

De manera general, esta propiedad para tres sumandos puede escribirse así:

$$a + b + c = (a + b) + c = a + (b + c),$$

donde los paréntesis indican en qué orden debe efectuarse la suma: primero la suma indicada dentro de los paréntesis y luego la indicada fuera de ellos.

§ 21. Cómo sumar una suma y cómo sumar a una suma. De las propiedades fundamentales de la suma se pueden deducir las dos proposiciones siguientes:

1) Para sumar a un número cualquiera la suma de varios números, se puede sumar a ese número cada sumando uno tras otro.

Así[3)]

$$100 + (20 + 7 + 3) = 100 + 20 + 7 + 3.$$

En efecto, conforme a la propiedad 2) (§ 20), la parte derecha de la igualdad escrita no cambiará si en ella unimos los sumandos 20, 7 y 3 en un solo grupo; pero, al hacer esto, obtenemos precisamente la parte izquierda de la igualdad escrita.

2) Para sumar un número cualquiera a una suma, se puede sumar este número a cualquiera de los sumandos, dejando los demás sin cambio.

Así

$$(35 + 15 + 20) + 10 = (35 + 10) + 15 + 20 =$$
$$= 35 + (15 + 10) + 20 = \dots$$

Todas estas sumas son iguales a la suma $35 + 15 + 20 + 10$; solo en algunas de ellas se han reordenado los sumandos y en algunas se han unido varios sumandos en un solo grupo. Por tanto, en virtud de las propiedades 1) y 2) (§ 20), todas estas sumas son iguales a la suma $35 + 15 + 20 + 10$ y, por consiguiente, son iguales entre sí.

§ 22. Suma de dos números de una cifra. Para hallar la suma de dos números de una cifra, basta añadir a uno de ellos todas las unidades del otro. Así, añadiendo a 7 todas las unidades del número 5, hallamos la suma 12.

Para poder sumar rápidamente cualesquiera números, hay que memorizar todas las sumas que se obtienen al sumar dos números de una cifra.

Observación. Como el cero indica la ausencia de unidades, $5 + 0 = 5$ (si no se añade nada a cinco, quedan 5) y $0 + 5 = 5$ (si no había unidades y después se cuentan 5 unidades, se obtienen 5). En general, al sumar cualquier número con cero, o cero con cualquier número, siempre se obtiene ese mismo número.

[3)]Los paréntesis () aquí y en lo sucesivo indican que las operaciones que aparecen dentro de ellos deben realizarse antes que las demás; para más detalles sobre el uso de los paréntesis, véase § 41.

§ 23. Suma de un número de varias cifras con un número de una cifra. Supongamos que se requiere sumar 37 y 8. Para ello, separemos 7 unidades de 37 y sumémoslas a 8; obtenemos 15. Sumemos estas 15 unidades a 30; pero 15 equivale a 10 y 5. Al sumar 10 a 30, obtenemos 40; al sumar otros 5 a 40, obtenemos 45.

También se puede proceder así. Al advertir que hay que sumar 3 a 37 para obtener 40, separamos 3 unidades de las 8 unidades y las añadimos a 37; entonces obtenemos 40 y las 5 unidades que quedan de las 8, es decir, obtenemos 45.

Conviene acostumbrarse a realizar estas operaciones mentalmente y, además, con rapidez.

Los dos procedimientos de suma indicados en este párrafo constituyen una aplicación de las proposiciones mencionadas en § 21, como se ve en la igualdad:

$$37 + 8 = (30 + 7) + 8 = 30 + (7 + 8) = 30 + 15 = 30 + (10 + 5) = \\ = (30 + 10) + 5 = 40 + 5 = 45$$

o bien

$$37 + 8 = 37 + (3 + 5) = (37 + 3) + 5 = 40 + 5 = 45.$$

§ 24. Suma de números de varias cifras. Supongamos que se requiere hallar la suma de cuatro números: 13653, 22409, 1608 y 346. Para ello, sumemos primero las unidades simples de todos los sumandos, luego sus decenas, después las centenas, etcétera. Para no mezclar las unidades de distintos órdenes, escribamos los números dados uno debajo de otro, de modo que las unidades queden debajo de las unidades, las decenas debajo de las decenas, las centenas debajo de las centenas, etcétera; debajo del último sumando tracemos una línea:

$$\begin{array}{r} 13653 \\ +\ 22409 \\ 1608 \\ 346 \\ \hline 38016 \end{array}$$

Al sumar las unidades, obtenemos 26, es decir, 2 decenas y 6 unidades; conservamos mentalmente las 2 decenas para sumarlas a las decenas de los números dados, y escribimos las 6 unidades debajo de la línea, bajo las unidades de los sumandos. Al sumar las decenas (junto con esas 2 decenas que resultaron de sumar las unidades), obtenemos 11 decenas, es decir, 1 centena y 1 decena; conservamos mentalmente la 1 centena para sumarla a las centenas, y escribimos 1 decena debajo de la línea en el lugar de las decenas. Al sumar las centenas obtenemos 20 centenas, es decir, exactamente 2 mil; conservamos mentalmente esos 2 mil para sumarlos a los miles, y escribimos debajo de la línea un cero en el lugar de las centenas. Continuamos así la operación.

Observación. Si al sumar las cifras de cualquier columna (por ejemplo, las decenas del ejemplo que hemos dado) aparece una cifra cero, no se le presta atención, ya que, según la observación al final de § 22, sumar cero no cambia el número de unidades que ya había.

§ 25. El cero es un número. Hemos visto que al realizar una suma puede aparecer el cero entre los sumandos; más adelante veremos que también tendremos que efectuar otras operaciones aritméticas con el cero. Por tanto, convengamos ahora en considerar el cero un número, al igual que los demás números; es evidente que el cero es menor que cualquier otro número.

§ 26. Aumento de un número en varias unidades. Aumentar un número en varias unidades significa añadirle esas varias unidades. Si, por ejemplo, se requiere aumentar 80 en 25, esto significa sumar 25 a 80 (obtenemos 105). Por tanto, el aumento de un número en varias unidades se realiza mediante la suma.

§ 27. Cambio de la suma al cambiar los sumandos. Puesto que la suma contiene todas las unidades de los sumandos, es evidente que si sumamos varias unidades a cualquiera de los sumandos (y dejamos los demás sin modificar), la suma aumenta en el mismo número de unidades.

Así, $5+8 = 13$; si sumamos 4 al primer sumando, obtenemos $(5+4)+8 = 9+8 = 17$; si sumamos 4 al segundo sumando (y dejamos el primer sumando sin modificar), obtenemos:

$$5 + (8 + 4) = 5 + 12 = 17;$$

por tanto, al sumar el número 4 a uno de los sumandos, la suma aumenta en 4 unidades (porque 17 es 4 unidades mayor que 13).

Si restamos varias unidades de cualquiera de los sumandos (y dejamos los demás sin modificar), la suma disminuye en el mismo número de unidades; si sumamos varias unidades a cualquiera de los sumandos y restamos el mismo número de unidades de otro sumando, la suma permanece sin cambio.

IV. Resta

§ 28. Qué es la resta. Un alumno tenía 7 cuadernos; dio 3 de ellos a su hermano; para saber cuántos cuadernos le quedaron, debemos restar 3 cuadernos de 7 (quedan 4 cuadernos).

La operación que consiste en quitar de un número tantas unidades como contiene otro número dado se llama resta.

En nuestro ejemplo, del número 7 hay que restar el número 3; se obtiene el número 4.

El número del que se quita se llama minuendo; el número que se quita se llama sustraendo; el número que se obtiene después de la resta se llama diferencia. La diferencia también se llama residuo.

En nuestro ejemplo, el minuendo es 7, el sustraendo es 3 y la diferencia es 4.

El signo de la resta es — (menos); se coloca entre el minuendo (a la izquierda) y el sustraendo (a la derecha).

Así: $7 - 3 = 4$.

Es evidente que de un número dado se puede restar cualquier número menor o igual que él; pero de ningún número se puede restar un número mayor que él. Por tanto, el sustraendo no puede ser mayor que el minuendo.

§ 29. Comparación de la resta con la suma. Al realizar una resta, un número, precisamente el minuendo, se descompone en dos números. Por ejemplo, si al restar 5 de 9 encontramos que quedan 4, hemos descompuesto 9 en dos números: 5 (las unidades restadas) y 4 (las unidades que quedan). Es evidente que, si reunimos estos dos números en uno, obtenemos el número 9 que habíamos descompuesto; por tanto, el minuendo es igual al sustraendo sumado al residuo; dicho de otro modo, el minuendo es una suma, y el sustraendo y el residuo son los sumandos.

Al sumar, se dan los sumandos y se busca la suma; al calcular una resta, se dan la suma y uno de los sumandos, y se busca el otro sumando.

Por tanto, el número que se busca al sumar se da al restar, y viceversa; por eso se dice que la resta es la operación inversa de la suma.

§ 30. Observaciones. 1) Podría definirse la resta desde el principio como la operación inversa de la suma, mediante la cual, dada la suma y un sumando, se busca el otro sumando. Pero, al comienzo de una exposición elemental de la aritmética, resulta más sencillo y claro definir la resta como quitar del minuendo una parte igual al sustraendo y mostrar después la relación entre la resta y la suma (como se hizo en § 29).

2) La operación de resta siempre es posible y da un único resultado si el sustraendo no es mayor que el minuendo. Si, por ejemplo, se requiere restar b de a, podemos hacerlo quitando de a, sucesivamente y una por una, tantas unidades como contiene b. Al quitar una unidad, obtenemos como residuo el único número $a-1$, inmediatamente anterior a a en la sucesión natural; al quitar otra unidad, obtenemos nuevamente el único número $a - 1 - 1$, inmediatamente anterior a $a - 1$, y así sucesivamente.

Si $b < a$, después de quitar b unidades obtenemos cierto número (y solo uno) de la sucesión natural, que será la diferencia; si $b = a$, después de quitar las unidades no queda ningún número; en otras palabras, el residuo es cero; finalmente, si $b > a$, la resta es imposible.

§ 31. Resta de un número de una cifra. Para restar sin dificultad cualquier número, primero hay que aprender a restar mentalmente un número de una cifra de otro número de una cifra y de uno de dos cifras. La diferencia buscada se encuentra fácilmente mediante la suma. Por ejemplo, para saber cuánto es 15 menos 8, recordemos qué número sumado con 8 da 15: 8 más 7 es 15; por tanto, 15 menos 8 es 7.

Conviene acostumbrarse a realizar esta resta mentalmente y, además, con rapidez.

Observación. $7 - 0 = 7$ (si de 7 unidades no se quita nada, quedan 7 unidades); en general, al restar cero de cualquier número siempre se obtiene ese mismo número.

$8 - 8 = 0$ (si de 8 unidades se quitan 8 unidades, no queda nada); en general, la diferencia entre dos números iguales siempre es cero.

De cero no se puede restar ningún otro número, porque todos los demás números son mayores que cero.

§ 32. Resta de un número de varias cifras. *Ejemplo:* restar 7345 de 60072.

Dispongamos la operación igual que en la suma:

$$-\begin{array}{r}60072\\7345\end{array}\quad \text{minuendo}\qquad \text{sustraendo}\qquad \text{diferencia.}$$

Mantendremos el mismo orden que en la suma, es decir, restaremos unidades de las unidades, decenas de las decenas, etcétera. No se pueden restar 5 unidades de 2 unidades; tomamos 1 decena de las 7 decenas; contiene 10 unidades, que añadimos a las 2 unidades del minuendo; obtenemos 12 unidades; de ellas restamos las 5 unidades del sustraendo; quedan 7 unidades.

Pasamos ahora a las decenas. De las 7 decenas que había en el minuendo, ya hemos utilizado 1 decena al restar las unidades (para no olvidarlo, colocamos un punto sobre la cifra 7 de las decenas); quedan 6 decenas; de ellas restamos las 4 decenas del sustraendo; quedan 2 decenas. Pasamos a las centenas. En el minuendo no hay centenas; acudimos a los miles y vemos que tampoco hay miles en el minuendo; por eso seguimos hasta las decenas de mil: en el minuendo hay 6; tomamos una de esas 6 decenas de mil (para indicarlo, colocamos un punto sobre la cifra 6); contiene 10 miles; tomamos uno de esos miles, que contiene 10 centenas; de ellas restamos las 3 centenas del sustraendo y quedan 7 centenas. Todavía nos quedan 9 miles; de ellos restamos los 7 miles del sustraendo y quedan 2 miles. Finalmente, las 5 decenas de mil restantes del minuendo pasan al residuo sin cambio, porque no se resta nada de ellas. Por tanto, el residuo es 52727.

Aquí hay otros ejemplos de resta:

$$-\begin{array}{r}6000227\\4320423\\\hline 1679804\end{array}\qquad -\begin{array}{r}500000\\17236\\\hline 482764\end{array}$$

Es más cómodo realizar la resta desde los órdenes inferiores hacia los superiores, porque de este modo, cuando sea necesario, siempre podemos tomar 1 unidad de un orden superior y descomponerla en unidades del orden inferior.

§ 33. Cómo restar una suma y cómo restar de una suma. En la resta de un número de varias cifras del párrafo anterior restábamos unidades de las unidades, decenas de las decenas, etcétera. Para ello utilizábamos las reglas siguientes.

1) Para restar una suma, se puede restar cada sumando por separado, uno después de otro.

Así, para restar el número 325, es decir, la suma $5 + 20 + 300$, se pueden restar por separado los sumandos 5, 20 y 300.

En forma general, esta regla puede expresarse mediante la igualdad:

$$a - (b + c + d + \dots) = a - b - c - d - \dots.$$

2) Para restar un número de una suma, se puede restar ese número de cualquiera de los sumandos.

Así,

$$(30 + 20) - 10 = 50 - 10 = 40,$$

o bien

$$(30 + 20) - 10 = (30 - 10) + 20 = 20 + 20 = 40,$$

o bien

$$(30 + 20) - 10 = 30 + (20 - 10) = 30 + 10 = 40.$$

En general:

$$\begin{aligned}(a + b + c + \dots) - m &= (a - m) + b + c + \dots = \\ &= a + (b - m) + c + \dots.\end{aligned}$$

Si consideramos el sustraendo como una suma de unidades simples, decenas, centenas, etcétera, restamos por separado las unidades, luego las decenas, después las centenas, etcétera. Para restar las unidades, consideramos el minuendo como una suma de órdenes y restamos las unidades del sustraendo de uno de los sumandos de esa suma, precisamente de las unidades. Si esto no es posible, tomamos una decena del minuendo, la descomponemos en unidades simples, añadimos esas unidades a las unidades del minuendo y después restamos las unidades del sustraendo. Si no hay decenas en el minuendo, tomamos 1 centena, la descomponemos en decenas, y así sucesivamente.

§ 34. Verificación de la suma. Para asegurarnos de que una operación se ha realizado correctamente, hay que comprobarla. Para comprobar una suma, normalmente se vuelven a sumar los sumandos en un orden distinto del primero, por ejemplo, realizando la suma de abajo hacia arriba. Si en la segunda suma se obtiene la misma suma, es muy probable que la suma se haya realizado correctamente.

Por otro lado, también se puede comprobar la suma mediante una resta; para ello, hay que restar de la suma obtenida uno de los sumandos; si la diferencia resulta igual a la suma de los demás sumandos, se puede considerar probable que la operación se haya realizado correctamente.

§ 35. Verificación de la resta. Puesto que el minuendo es una suma, y el sustraendo y el residuo son sumandos, para comprobar una resta basta sumar el sustraendo y el residuo; si se obtiene un número igual al minuendo, es muy probable que la operación se haya realizado correctamente.

Por otro lado, como el sustraendo y el residuo son sumandos, y el minuendo es su suma, y como la suma no cambia al cambiar el orden de los sumandos, la resta también se puede comprobar mediante otra resta; para ello, se resta el residuo del minuendo; si se obtiene el sustraendo, se puede considerar probable que la operación se haya realizado correctamente.

§ 36. Disminución de un número en varias unidades. Disminuir un número en varias unidades significa restarle esas varias unidades. Así, si se requiere disminuir 100 en 30, esto significa restar 30 de 100 (obtenemos 70).

§ 37. Comparación de dos números. Al querer comparar dos números, nos preguntamos en cuántas unidades uno de ellos es mayor o menor que el otro. Para averiguarlo, hay que restar el menor del mayor. Por ejemplo, para saber en cuánto es menor 20 que 35 (o en cuánto es mayor 35 que 20), hay que restar 20 de 35; entonces encontramos que 20 es menor que 35 (o que 35 es mayor que 20) en 15 unidades.

§ 38. Cambio de la diferencia al cambiar los números dados. El cambio de la diferencia puede deducirse como consecuencia del cambio de la suma, ya que el minuendo es una suma, y el sustraendo y la diferencia son sumandos.

Por tanto,

si sumamos varias unidades al minuendo, la diferencia aumenta en el mismo número de unidades;

si restamos varias unidades del minuendo, la diferencia disminuye en el mismo número de unidades;

si sumamos varias unidades al sustraendo, la diferencia disminuye en el mismo número de unidades;

si restamos varias unidades del sustraendo, la diferencia aumenta en el mismo número de unidades.

Es útil prestar especial atención a que la diferencia no cambia si aumentamos o disminuimos simultáneamente el minuendo y el sustraendo en un mismo número. Así,

$$(11 + 6) - (3 + 6) = 11 - 3 = 8.$$

§ 39. Cómo restar una diferencia. Supongamos que se requiere restar de 30 la diferencia 12 − 8. En vez de encontrar primero esta diferencia (será 4) y después restarla de 30 (obtenemos 26), podemos proceder así: aumentemos en 8 tanto el minuendo 30 como el sustraendo de la diferencia 12 − 8; entonces, en lugar de 30 tendremos 38, y en lugar de la diferencia 12 − 8 tendremos 12. Ahora restamos 12 de 38; obtenemos 26. Este es el número buscado, porque aumentamos el minuendo y el sustraendo en el mismo número, por lo que la diferencia no cambia.

También se puede proceder así: de 30 no restemos 12 menos 8, sino directamente 12 (obtenemos 18). Pero hemos restado 8 más de lo necesario, por lo que el residuo es 8 menor de lo que debe ser; por tanto, si aumentamos 18 en 8, encontraremos el residuo correcto, 26. Así pues,

para restar una diferencia, se puede sumar el sustraendo de la diferencia y después restar su minuendo; o bien restar su minuendo[4] y después sumar su sustraendo.

En forma general, esta regla puede expresarse mediante las igualdades:

$$a - (b - c) = a + c - b; \quad a - (b - c) = a - b + c.$$

[4] Si esto es posible, es decir, si el minuendo no es mayor que el número del que se requiere restar la diferencia.

V. Signos de las operaciones. Signos de igualdad y desigualdad. Paréntesis

§ 40. Signos. Al resolver un problema, a veces es necesario indicar solamente mediante signos, sin realizar efectivamente las operaciones, qué operaciones deben efectuarse con los números dados. Supongamos, por ejemplo, que se requiere indicar que deben sumarse los números 10, 15 y 20. Entonces se escriben los sumandos dados en una sola línea y se coloca entre ellos el signo de suma: $10 + 15 + 20$.

Si se requiere indicar que de un número debe restarse otro, se escriben el minuendo y el sustraendo en una sola línea y se coloca entre ellos el signo —. Así, la expresión $10 - 8$ significa que hay que restar 8 de 10.

La expresión $10 + 15 + 20$ se lee así: 10 más 15 más 20, o bien, la suma de 10, 15 y 20. La expresión $10 - 8$ se lee así: 10 menos 8, o bien, la diferencia entre 10 y 8.

También se usan los signos $=$, $>$ y $<$, que ya hemos empleado. El primero se llama signo de igualdad y reemplaza las palabras «es igual a» o «es igual»; los otros dos se llaman signos de desigualdad y significan: el signo $>$, «mayor que», y el signo $<$, «menor que». Por ejemplo, las expresiones $7 + 8 = 15$, $7 + 8 > 10$ y $7 + 8 < 20$ se leen así: 7 más 8 es igual a 15; 7 más 8 es mayor que 10; 7 más 8 es menor que 20. Debe recordarse que los signos $>$ y $<$ deben estar orientados con la punta del ángulo hacia el número menor.

También se encuentran los signos $\neq$ (no es igual a), $\leq$ (menor o igual que) y $\geq$ (mayor o igual que).

§ 41. Paréntesis. Fórmula. Al resolver problemas, es muy útil indicar, antes de efectuar las operaciones, qué operaciones deben realizarse con los números dados y en qué orden, para llegar a la respuesta de la pregunta planteada. Supongamos, por ejemplo, que para resolver un problema primero hay que sumar 35 y 20, y después restar esa suma de 200. Para indicarlo, se escribe así:

$$200 - (35 + 20).$$

Aquí, los paréntesis que aparecen después del signo — indican que de 200 hay que restar la suma $35 + 20$, es decir, 55.

A veces es necesario encerrar entre paréntesis nuevos una expresión que ya contiene paréntesis; en tal caso se emplean paréntesis de formas distintas para distinguirlos entre sí[5], por ejemplo, la expresión:

$$100 + \{160 - [60 - (7 + 8)]\}$$

significa: sumar 7 y 8 (obtenemos 15); restar la suma obtenida (15) de 60 (obtenemos 45); restar el número obtenido (45) de 160 (obtenemos 115); sumar el número obtenido a 100 (obtenemos 215). En este caso, el orden de las operaciones se entiende

[5] Los paréntesis de esta forma: ( ) suelen llamarse paréntesis simples; los de esta forma: [ ], corchetes; y los de esta forma: { }, llaves.

siempre de modo que primero se efectúa la operación colocada dentro de los paréntesis más internos, y así sucesivamente.

Obsérvese que, al indicar sumas y restas sucesivas, es decir, cuando las operaciones deben efectuarse en el orden en que están escritas, normalmente no se colocan paréntesis. Así, si se escribe:

$$20 - 2 + 4 - 5,$$

esto significa lo mismo que $[(20 - 2) + 4] - 5$; es decir, de 20 se resta 2, a la diferencia obtenida se le suma 4, y de esa suma se resta 5.

Una expresión que indica qué operaciones y en qué orden deben realizarse con los números dados para obtener el número buscado se llama fórmula.

Calcular una fórmula significa hallar el número que resulta después de efectuar todas las operaciones indicadas en ella.

VI. Multiplicación

Problema. Se compraron 6 reglas a 85 kopeks cada una. ¿Cuánto se pagó por todas las reglas?

Para resolver este problema debemos hallar la suma de 6 sumandos iguales:

$$85 + 85 + 85 + 85 + 85 + 85 = 510 \text{ (= 5 rublos 10 kopeks).}$$

En nuestro problema hallamos esta suma mediante una suma ordinaria. Pero cuando el número de sumandos iguales es grande, hallar la suma mediante la adición resulta tedioso.

Y como la suma de sumandos iguales aparece con mucha frecuencia, la aritmética desarrolla métodos para hallar esas sumas con mayor rapidez.

Cuando se realiza una suma de sumandos iguales, es decir, cuando un mismo número se repite varias veces como sumando, se dice que ese número se multiplica (se toma varias veces). Cuando se repite 6 veces, se dice que se multiplica por 6; si se repite 20 veces, se dice que se multiplica por 20, etcétera.

§ 42. Qué es la multiplicación. La multiplicación es la suma de sumandos iguales.

En ella, el número que se repite como sumando se llama multiplicando (se multiplica), y el número que indica cuántas veces se toma ese sumando igual se llama multiplicador.

El número obtenido después de multiplicar se llama producto. Por ejemplo, cuando 85 se multiplica por 6, 85 es el multiplicando, 6 es el multiplicador y el número 510 obtenido después de la multiplicación es el producto. El multiplicando y el multiplicador se llaman indistintamente factores.

Se acostumbra representar la multiplicación mediante un signo especial. Si, por ejemplo, hay que multiplicar 85 por 6, se escribe $85 \cdot 6$, es decir, se escribe el multiplicando y, a su derecha, el signo de multiplicación (un punto); a la derecha del signo se coloca el multiplicador. Esta notación reemplaza la suma $85 + 85 + 85 + 85 + 85 + 85$. Una vez hallado el producto, se puede escribir la igualdad $85 \cdot 6 = 510$[6)].

Esta igualdad puede leerse de distintas maneras:

- la suma de seis sumandos iguales, cada uno de los cuales es igual a 85, es 510;
- 85 multiplicado por 6 es 510;
- el producto de 85 por 6 es igual a 510.

Observaciones.

1) Como la multiplicación es un caso particular de la suma, siempre es posible y, dados los factores, produce un único resultado.

2) Cuando los factores se representan mediante letras, la multiplicación suele indicarse sin ningún signo: simplemente se colocan los factores uno junto al otro. Así, si se escribe ab, esto significa que el número a se multiplica por el número b.

[6)] En lugar del punto, también se usa la cruz oblicua (×) como signo de multiplicación.

Tampoco se coloca ningún signo si solo uno de los factores se representa mediante una letra, por ejemplo, $5a$.

3) El multiplicando puede representar unidades de cualquier denominación, por ejemplo, metros, rublos, lápices, etcétera; el producto debe representar unidades de la misma denominación que el multiplicando. Así, si se multiplican 7 rublos por 4, se obtienen 28 rublos. El multiplicador, como indica cuántos sumandos iguales se toman, no tiene denominación; se pueden multiplicar 7 rublos por 4, pero no 7 rublos por 4 rublos ni por 4 metros.

En las ciencias aplicadas, por ejemplo, en física, a menudo se multiplican entre sí números con denominación, y la denominación del producto se considera el producto de las denominaciones de los factores.

§ 43. Algunos casos particulares de la multiplicación. Consideremos estos casos.

1) Si el multiplicando es uno, el producto es igual al multiplicador; así, $1 \cdot 5 = 5$, porque la suma $1 + 1 + 1 + 1 + 1$ es igual a 5.

2) Si el multiplicando es cero, el producto también es igual a cero; por ejemplo, $0 \cdot 4 = 0$, porque la suma $0 + 0 + 0 + 0$, como acordamos anteriormente (§ 24), debe considerarse igual a cero.

3) Si el multiplicador es uno, se considera que el producto es igual al multiplicando; por ejemplo, $5 \cdot 1 = 5$ (si se toma 5 una vez, se obtiene 5).

4) Si el multiplicador es cero, se considera que el producto es igual a cero; por ejemplo, $5 \cdot 0 = 0$ (si no se toma 5 ninguna vez, no se obtiene nada).

§ 44. Aumentar un número varias veces. Aumentar un número 2 veces, 3 veces, 4 veces, etcétera, significa formar una suma de dos, tres, cuatro, etcétera, sumandos iguales al número dado. Por ejemplo, aumentar 10 cinco veces significa tomar una suma de cinco sumandos, cada uno igual a 10, es decir, multiplicar 10 por 5. Por tanto, aumentar un número varias veces se realiza mediante la multiplicación (mientras que aumentar un número en cierta cantidad se realiza mediante la suma).

§ 45. El producto no cambia al intercambiar los factores. Supongamos que queremos contar las rayas representadas aquí:

I I I I I I I
I I I I I I I
I I I I I I I

En la primera fila hay 7 rayas; en la segunda y en la tercera también hay 7 en cada una. Por tanto, habrá $7 + 7 + 7$, es decir, $7 \cdot 3$ rayas. Pero las mismas rayas se pueden contar en columnas verticales: en la primera columna hay 3, en la segunda hay 3, en la tercera hay 3, etcétera; como en total hay 7 columnas, habrá $3+3+3+3+3+3+3$, es decir, $3 \cdot 7$ rayas. Pero el número de rayas no depende del orden en que las contemos; por tanto, $7 \cdot 3 = 3 \cdot 7$.

De manera semejante se puede comprobar que $8 \cdot 5 = 5 \cdot 8$; $20 \cdot 15 = 15 \cdot 20$, etcétera. En general, el producto no cambia al poner el multiplicando en el lugar del multiplicador y el multiplicador en el lugar del multiplicando.

Esta propiedad se llama ley conmutativa de la multiplicación. En forma general puede expresarse mediante la igualdad $ab = ba$.

Observación. La multiplicación posee esta propiedad también cuando el multiplicador es uno o cero; así, $1 \cdot 5 = 5$ y $5 \cdot 1 = 5$; $0 \cdot 4 = 0$ y $4 \cdot 0 = 0$.

§ 46. Tabla de multiplicar. Para poder realizar rápidamente la multiplicación de cualesquiera números, hay que memorizar todos los productos de números de una cifra. Para ello se forma, mediante la suma, la llamada tabla de multiplicar y se aprende de memoria.

§ 47. Orden en que estudiaremos la multiplicación. Indicaremos cómo se efectúa la multiplicación en el orden siguiente:

1. multiplicación de un número de varias cifras por un número de una cifra;
2. multiplicación de cualquier número por un número representado por la cifra 1 seguida de uno o varios ceros;
3. multiplicación de cualquier número por un número representado por cualquier cifra significativa seguida de uno o varios ceros;
4. multiplicación de un número de varias cifras por otro número de varias cifras;
5. multiplicación de números que terminan en ceros.

§ 48. Multiplicación de un número de varias cifras por un número de una cifra. Supongamos que se requiere multiplicar 846 por 5. Es costumbre disponer la operación así:

$$\begin{array}{r} 846 \\ \cdot 5 \\ \hline 4230 \end{array}$$

es decir, se escribe el multiplicando y debajo de él el multiplicador; debajo del multiplicador se traza una línea. Debajo de la línea se escriben las cifras del producto a medida que se obtienen.

Multiplicar 846 por 5 significa sumar 5 números, cada uno igual a 846. Para ello basta tomar primero 5 veces 6 unidades, luego 5 veces 4 decenas y, por último, 5 veces 8 centenas. En cada uno de estos casos el producto se obtiene mediante la tabla de multiplicar.

5 veces 6 unidades = 30 unidades, es decir, 3 decenas; colocamos un cero debajo de la línea, en el lugar de las unidades, y retenemos las 3 decenas. 5 veces 4 decenas = 20 decenas, más 3 decenas = 23 decenas, es decir, 2 centenas y 3 decenas; colocamos las 3 decenas debajo de la línea, en el lugar de las decenas, y retenemos las 2 centenas. 5 veces 8 centenas = 40 centenas, más 2 centenas = 42 centenas; colocamos debajo de la línea 42 centenas, es decir, 4 miles y 2 centenas.

Por tanto, el producto de 846 por 5 resulta igual a 4230.

§ 49. Multiplicación por un número representado por la unidad seguida de uno o varios ceros. Supongamos que se requiere multiplicar 358 por 10, es decir, sumar 10 números, cada uno igual a 358. Si se toma una unidad 10 veces, se obtiene 1 decena; por tanto, si se toman 358 unidades 10 veces, se obtienen 358 decenas, que equivalen a 3580 unidades. Tomemos otro ejemplo: $296 \cdot 1000$. Una unidad repetida 1000 veces como sumando forma 1 mil; por consiguiente, 296 unidades repetidas 1000 veces forman 296 miles, lo que se escribe así: 296 000.

Regla. Para multiplicar cualquier número por un número representado por la unidad seguida de ceros, basta escribir a la derecha del multiplicando tantos ceros como haya en el multiplicador.

§ 50. Multiplicación por un número representado por cualquier cifra significativa seguida de uno o varios ceros. Supongamos que se requiere multiplicar 248 por 30, es decir, sumar 30 sumandos iguales, cada uno igual a 248. Imaginemos que estos 30 sumandos se reúnen en 10 grupos iguales, de 3 sumandos cada uno:

248	248	248	248	248	248	248	248	248	248
248	248	248	248	248	248	248	248	248	248
248	248	248	248	248	248	248	248	248	248
744	744	744	744	744	744	744	744	744	744

Así, podemos tomar 248 tres veces y multiplicar por 10 el resultado de esta operación (el número 744). Dicho de otro modo, para multiplicar un número por 30 basta multiplicarlo por 3 y multiplicar por 10 el producto obtenido, para lo cual se añade un cero a la derecha:

$$248 \cdot 3 = 744, \qquad 744 \cdot 10 = 7440.$$

Tomemos otro ejemplo: $895 \cdot 400$. En este ejemplo hay que sumar 400 números, cada uno igual a 895. Pero los 400 sumandos se pueden reunir en 100 grupos de 4 sumandos cada uno. Para saber cuántas unidades hay en uno de esos grupos, hay que multiplicar 895 por 4 (obtenemos 3580); para saber después cuántas unidades hay en todos los grupos, hay que multiplicar 3580 por 100 (para lo cual basta añadir dos ceros a la derecha del número 3580).

Regla. Para multiplicar cualquier número por una cifra significativa seguida de ceros, basta multiplicar el multiplicando por esa cifra significativa y añadir a la derecha del producto obtenido tantos ceros como haya en el multiplicador.

§ 51. Multiplicación por un número de varias cifras. Supongamos que se requiere efectuar la multiplicación:

$$3826 \cdot 472,$$

es decir, sumar 472 números iguales, cada uno igual a 3826. Para ello basta sumar primero 2 de esos números, luego otros 70, después otros 400 y, por último, reunir en una sola suma todos los resultados; es decir, hay que repetir el número 3826 como sumando 472 veces. Basta repetir 3826 como sumando 2 veces, después 70 veces y luego 400 veces, y reunir las sumas obtenidas; en otras palabras, basta multiplicar 3826 por 2, luego por 70 y después por 400, y sumar los productos obtenidos.

Dispongamos la operación así: escribimos el multiplicando, debajo de él el multiplicador y debajo del multiplicador trazamos una línea:

$$\begin{array}{r} 3826 \\ \cdot 472 \\ \hline 7652 \\ 26782\mathbf{0} \\ 15304\mathbf{00} \\ \hline 1805872 \end{array} \qquad \begin{array}{r} 3826 \\ \cdot 472 \\ \hline 7652 \\ 26782 \\ 15304 \\ \hline 1805872 \end{array}$$

Multiplicamos el multiplicando por 2 y escribimos el producto obtenido debajo de la línea; este será el primer producto parcial, a saber, 7652. Multiplicamos el multiplicando por 70. Para ello basta multiplicar el multiplicando por 7 y añadir un cero a la derecha del producto; por eso colocamos un cero debajo de la cifra de las unidades del primer producto parcial, y escribimos las cifras obtenidas al multiplicar el multiplicando por 7, en el orden en que se obtienen, debajo de las decenas, centenas y demás posiciones del primer producto parcial. Este será el segundo producto parcial (267820). Multiplicamos el multiplicando por 400. Para ello basta multiplicar 3826 por 4 y añadir dos ceros a la derecha del producto. Escribimos dos ceros debajo de las unidades y decenas del segundo producto parcial, y escribimos las cifras obtenidas al multiplicar el multiplicando por 4 debajo de las centenas, los miles y las demás posiciones del segundo producto parcial. Obtenemos así el tercer producto parcial (1530400). Debajo del último producto parcial trazamos una línea y los sumamos todos; obtenemos el producto total. Para abreviar la escritura, no se escriben los ceros que hemos indicado en negrita; en tal caso solo hay que recordar que, al multiplicar el multiplicando por la cifra de las decenas del multiplicador, la primera cifra obtenida debe escribirse debajo de las decenas del primer producto parcial; al multiplicar el multiplicando por la cifra de las centenas del multiplicador, la primera cifra obtenida se escribe debajo de las centenas de los productos parciales anteriores, y así sucesivamente.

Observaciones.

1) Si entre las cifras del multiplicador hay un uno, al multiplicar el multiplicando por esa cifra hay que tener presente que, cuando el multiplicador es uno, el producto es igual al multiplicando.

2) Cuando aparecen ceros en el multiplicador, no se multiplica por ellos, sino que se pasa directamente a multiplicar por la siguiente cifra significativa. Por ejemplo:

```
        470827
        ·60013
       1412481
       470827
   2824962
   28255740751
```

El último producto parcial, obtenido al multiplicar el multiplicando por 6 decenas de mil, se escribe, naturalmente, de modo que su cifra de las unidades (2) quede en la posición de las decenas de mil.

3) Si el multiplicador tiene más cifras que el multiplicando, para reducir el número de productos parciales conviene tomar el multiplicador como multiplicando y el multiplicando como multiplicador. Por ejemplo, al hallar el producto 378 · 27468, se multiplica 27468 por 378.

§ 52. Multiplicación abreviada de números que terminan en ceros. Tomemos primero un ejemplo en el que solo el multiplicando termina en ceros: 2700 · 15. Multiplicar 2700 por 15 significa sumar 15 números, cada uno igual a 2700. Si intentáramos hallar esta suma mediante una suma ordinaria:

$$\left.\begin{array}{r} 2700 \\ 2700 \\ \vdots \\ 2700 \end{array}\right\} \text{15 veces}$$

$$\overline{00}$$

entonces los ceros de los sumandos pasarían, evidentemente, a la suma, y bastaría tomar 15 veces 27 centenas. Por tanto, para multiplicar 2700 por 15 basta multiplicar 27 por 15 y añadir dos ceros al producto.

La operación se dispone de la manera más cómoda así:

```
 ·2700
  15
 135
 27
 40500
```

es decir, el multiplicador se escribe de modo que los ceros del multiplicando queden a la derecha del multiplicador; luego se efectúa la multiplicación sin tener en cuenta los ceros del multiplicando y se añaden al producto por la derecha.

Tomemos ahora un ejemplo en el que solo el multiplicador termina en ceros: 358 · 23000. Esto significa que hay que sumar 23000 números, cada uno igual a 358. Pero los 23000 sumandos se pueden reunir en 1000 grupos iguales de 23 sumandos cada uno. Para saber cuántas unidades habrá en un grupo, hay que multiplicar 358 por 23; después, para saber cuántas unidades habrá en todos los grupos, hay que multiplicar por 1000 el número de unidades de un grupo (para lo cual basta añadirle tres ceros a la derecha). La operación suele disponerse así:

$$\begin{array}{r}\cdot 358\\ \underline{23000}\\ 1074\\ \underline{716}\\ 8234000\end{array}$$

Por último, consideremos un ejemplo en el que ambos números dados terminan en ceros: $57000 \cdot 3200$. Para multiplicar 57000 por cualquier número, hay que multiplicar 57 por ese número y añadir tres ceros al producto. Pero para multiplicar 57 por 3200, hay que multiplicar 57 por 32 y añadir dos ceros al producto. Por tanto, cuando el multiplicando y el multiplicador terminan en ceros, la multiplicación se efectúa sin tener en cuenta los ceros, y se añaden al producto tantos ceros como haya en el multiplicando y en el multiplicador juntos.

La operación se dispone así:

$$\begin{array}{r}\cdot 57000\\ \underline{3200}\\ 114\\ \underline{171}\\ 182400000\end{array}$$

§ 53. Cambio del producto al cambiar los factores. 1) Si aumentamos el multiplicador varias veces, el producto también aumenta el mismo número de veces. Así, si en el ejemplo $15 \cdot 3 = 45$ aumentamos el multiplicador, por ejemplo, 4 veces, obtenemos el producto $15 \cdot 12 = 180$. El nuevo producto resulta 4 veces mayor que el anterior. Y debe ser así, porque el primer producto es la suma de tres sumandos:

$$15 + 15 + 15,$$

y el nuevo producto es la suma de 12 sumandos iguales:

$$15 + 15 + 15 + 15 + 15 + 15 + 15 + 15 + 15 + 15 + 15 + 15.$$

Aplicando la ley asociativa de la suma, podemos reunir en la última suma cada tres sumandos en un solo grupo: $(15+15+15)+(15+15+15)+(15+15+15)+(15+15+15)$; entonces queda claro que el nuevo producto es igual a la suma de cuatro números, cada uno igual al producto anterior; es decir, el nuevo producto es 4 veces mayor que el anterior.

2) Si aumentamos el multiplicando varias veces, el producto también aumenta el mismo número de veces. Así, si en el mismo ejemplo aumentamos el multiplicando, por ejemplo, 6 veces, obtenemos $90 \cdot 3 = 270$. El nuevo producto es 6 veces mayor que el anterior. Y debe ser así, porque el multiplicando y el multiplicador se pueden intercambiar sin cambiar el producto, y ya hemos visto que, al aumentar varias veces el multiplicador, el producto aumenta el mismo número de veces.

De lo dicho en los casos 1) y 2) se deduce:

3) Si disminuimos el multiplicador o el multiplicando varias veces, el producto también disminuye el mismo número de veces. Por ejemplo: $20 \cdot 2 = 40$; $10 \cdot 2 = 20$; $5 \cdot 2 = 10$, etcétera.

Si ambos factores cambian simultáneamente, el producto puede aumentar, disminuir o permanecer sin cambio. Para determinar de antemano qué sucederá con el producto al cambiar simultáneamente ambos factores, debemos suponer que primero cambia solo el multiplicando y después también el multiplicador. Aumentemos, por ejemplo, 3 veces el multiplicando y 2 veces el multiplicador en el producto $15 \cdot 6 = 90$:

$$15 \cdot 6 = 90; \qquad 45 \cdot 12 = ?$$

Para saber qué sucederá con el producto, razonamos así: al aumentar 3 veces el multiplicando, el producto aumenta 3 veces, es decir, ya no será 90, sino $90 + 90 + 90$. Al aumentar después 2 veces el multiplicador, el producto aumentará otras 2 veces; por tanto, ahora será:

$$(90 + 90 + 90) + (90 + 90 + 90),$$

es decir, comparado con el producto inicial, habrá aumentado dos veces tres veces, o sea, 6 veces. En el mismo ejemplo, aumentemos 8 veces el multiplicando y disminuyamos 2 veces el multiplicador:

$$15 \cdot 6 = 90; \qquad 120 \cdot 3 = ?$$

Al aumentar 8 veces el multiplicando, el producto aumentará 8 veces; al disminuir después 2 veces el multiplicador, este producto, aumentado 8 veces, disminuirá 2 veces. Por tanto, después de estos dos cambios el producto aumentará solo 4 veces:

$$120 \cdot 3 = 360 = 90 \cdot 4.$$

4) Si un factor aumenta varias veces y el otro disminuye el mismo número de veces, el producto no cambia, porque al aumentar un factor el producto aumenta, y al disminuir el otro factor disminuye el mismo número de veces. Por ejemplo:

$$15 \cdot 6 = 90; \qquad 30 \cdot 3 = 90; \qquad 5 \cdot 18 = 90.$$

§ 54. Simplificación de la multiplicación en algunos casos. Conociendo los cambios del producto según los cambios de los factores, a veces podemos simplificar la multiplicación. Supongamos, por ejemplo, que hay que multiplicar 438 por 5. Aumentemos 2 veces el multiplicador, es decir, en lugar de 5 tomemos el multiplicador 10. Entonces hallamos el producto de inmediato: será 4380. Pero, al aumentar 2 veces el multiplicador, aumentamos 2 veces el producto; por consiguiente, el producto buscado debe ser la mitad de 4380, es decir, 2190.

De manera semejante, si se necesita multiplicar por 25, podemos multiplicar por 100 y reducir 4 veces el producto obtenido. A veces la simplificación se logra mediante consideraciones aún más sencillas. Supongamos, por ejemplo, que hay que multiplicar 56 por 11. Al multiplicar 56 por 10 obtenemos 560; basta sumar una vez más 56 y obtenemos 616.

De igual manera se puede multiplicar cualquier número por 19. Para ello basta multiplicarlo por 20 y después restar el multiplicando.

§ 55. Producto de tres o más factores. Consideremos varios números, por ejemplo, 7, 5, 3 y 4, dados en un orden determinado, por ejemplo, en el orden en que están escritos aquí. Formemos su producto de la siguiente manera: al multiplicar el primer número por el segundo obtenemos 35; al multiplicar 35 por el tercer número obtenemos 105; al multiplicar 105 por el cuarto número obtenemos 420. El número 420 se llama producto de los cuatro factores 7, 5, 3 y 4. De manera semejante se puede hallar el producto de cinco, seis o más factores.

Para representar multiplicaciones sucesivas, los números dados se escriben en una sola fila, en el orden en que se deben efectuar las multiplicaciones, y se coloca el signo de multiplicación entre ellos. Así, la expresión

$$3 \cdot 4 \cdot 2 \cdot 7$$

equivale a la siguiente:

$$[(3 \cdot 4) \cdot 2] \cdot 7,$$

es decir, significa que 3 se multiplica por 4, el producto obtenido por 2 y este último producto por 7.

§ 56. Ley conmutativa de la multiplicación para cualquier número de factores: el producto no cambia al cambiar el orden de los factores. La propiedad del producto que establecimos en § 45 también es válida para el producto de tres, cuatro o más factores; es decir, el producto no cambia al cambiar el orden de los factores, por muchos que sean.

Por ejemplo, al calcular cada uno de los productos

$$2 \cdot 5 \cdot 3 \cdot 4 \cdot 7; \quad 2 \cdot 3 \cdot 4 \cdot 5 \cdot 7;$$
$$4 \cdot 7 \cdot 3 \cdot 2 \cdot 5; \quad 7 \cdot 2 \cdot 3 \cdot 4 \cdot 5,$$

que solo difieren en el orden de los factores, obtenemos el mismo número 840.

§ 57. Los factores de un producto se pueden reunir en grupos cualesquiera. Reunamos, por ejemplo, en el producto $3 \cdot 4 \cdot 5 \cdot 2$ los dos últimos factores en un solo grupo: $3 \cdot 4 \cdot (5 \cdot 2)$, y calculemos esta expresión: $3 \cdot 4 = 12$; $5 \cdot 2 = 10$; $12 \cdot 10 = 120$. Hemos obtenido el mismo número que si hubiéramos efectuado la multiplicación sin reunir los factores en grupos: $3 \cdot 4 = 12$; $12 \cdot 5 = 60$; $60 \cdot 2 = 120$.

Esta propiedad se llama ley asociativa de la multiplicación. Puede considerarse una consecuencia de la ley conmutativa. En efecto, según esta ley podemos trasladar los factores 5 y 2 al principio de la serie, es decir, escribir el producto así: $5 \cdot 2 \cdot 3 \cdot 4$. En esta forma, los factores 5 y 2 constituyen un grupo, pues, por definición (§ 56), la expresión $5 \cdot 2 \cdot 3 \cdot 4$ significa el producto $(5 \cdot 2) \cdot 3 \cdot 4$. Ahora este grupo se puede intercambiar con cada uno de los demás factores. Por tanto,

$$(5 \cdot 2) \cdot 3 \cdot 4 = 3 \cdot (5 \cdot 2) \cdot 4 = 3 \cdot 4 \cdot (5 \cdot 2).$$

En forma general, la ley asociativa de la multiplicación se puede expresar (para tres factores) así:

$$abc = (ab)c = a(bc).$$

§ 58. Cómo multiplicar por un producto y cómo multiplicar un producto. **1)** Hemos visto (§ 50) que, si se requiere multiplicar un número por 30 (es decir, por el producto $3 \cdot 10$), basta multiplicar el multiplicando por 3 y después multiplicar por 10 el número obtenido; de igual manera, para multiplicar un número por 400 (es decir, por el producto $4 \cdot 100$), se puede multiplicar ese número por 4 y luego multiplicar por 100 el resultado. Este procedimiento de multiplicar sucesivamente por cada factor por separado también se aplica a un producto de cuatro, cinco o más factores. Así:

$$7 \cdot (3 \cdot 5 \cdot 8) = 7 \cdot 3 \cdot 5 \cdot 8 = [(7 \cdot 3) \cdot 5] \cdot 8,$$

porque, según § 57, los factores 3, 5 y 8 se pueden reunir en un solo grupo. Por tanto, para multiplicar por un producto se puede multiplicar primero por el primer factor, después multiplicar el producto obtenido por el segundo factor, luego por el tercero y así sucesivamente.

2) Supongamos que se requiere multiplicar el producto $7 \cdot 3 \cdot 4$ por 8. En vez de calcular primero el producto $7 \cdot 3 \cdot 4$ (que es igual a 84) y multiplicarlo después por 8 (obteniendo 672), podemos multiplicar por 8 cualquiera de los factores 7, 3 o 4, dejando los demás sin cambio, y solo después multiplicarlos. Por ejemplo, multipliquemos por 8 el factor 3. Entonces tendremos: $7 \cdot (3 \cdot 8) \cdot 4 = 7 \cdot 24 \cdot 4 = 672$; hemos obtenido el mismo número que antes.

Por tanto, para multiplicar un producto por un número se puede multiplicar por ese número uno de los factores, dejando los demás sin cambio.

Así,

$$(5 \cdot 4 \cdot 8) \cdot 3 = (5 \cdot 3) \cdot 4 \cdot 8 = 5 \cdot (4 \cdot 3) \cdot 8 = 5 \cdot 4 \cdot (8 \cdot 3) = 480.$$

Esta regla es una consecuencia evidente de las leyes conmutativa y asociativa.

§ 59. Cómo multiplicar una suma por un número. Cuando antes (§ 48) multiplicamos por 5 el número 846 (es decir, la suma de 6 unidades, 4 decenas y 8 centenas), multiplicamos por 5 por separado las unidades, las decenas y las centenas, y sumamos los números obtenidos. De manera semejante se puede proceder siempre que se requiera multiplicar una suma por un número. Supongamos, por ejemplo, que hay que multiplicar $10 + 7 + 5 + 9$ por 3. Esto significa que hay que hallar la suma:

$$[(10 + 7 + 5 + 9) + (10 + 7 + 5 + 9) + (10 + 7 + 5 + 9)].$$

Pero, para sumar una suma, se puede sumar cada sumando por separado, uno tras otro (§ 21). Por tanto, la suma que acabamos de escribir se puede reemplazar por:

$$10 + 7 + 5 + 9 + 10 + 7 + 5 + 9 + 10 + 7 + 5 + 9.$$

Agrupemos los sumandos de esta suma así:

$$(10 + 10 + 10) + (7 + 7 + 7) + (5 + 5 + 5) + (9 + 9 + 9),$$

entonces obtenemos:

$$10 \cdot 3 + 7 \cdot 3 + 5 \cdot 3 + 9 \cdot 3.$$

Este razonamiento se puede repetir para cualesquiera otros números.

Por tanto, para multiplicar una suma por un número, hay que multiplicar cada sumando por separado por ese número y después sumar los resultados obtenidos.

Como el producto no cambia al intercambiar los factores, de la regla que acabamos de deducir se sigue que, para multiplicar un número por una suma, se puede multiplicar ese número por cada sumando por separado y sumar los resultados.

Así procedimos cuando (§ 51) multiplicamos el número 3826 por 472, es decir, por la suma $2 + 70 + 400$.

VII. División

Esta propiedad se llama ley distributiva de la multiplicación (con respecto a la suma), porque, según ella, la multiplicación realizada sobre una suma puede distribuirse entre los sumandos individuales.

En forma general, esta propiedad puede expresarse así:

$$(a + b + c + \dots)m = am + bm + cm + \dots.$$

o bien

$$m(a + b + c + \dots) = ma + mb + mc + \dots.$$

Observación. Para evitar malentendidos, la expresión $am+bm+cm+\dots$ debería escribirse así: $(am) + (bm) + (cm) + \dots$

Pero, para abreviar la escritura, se ha convenido que, si una expresión indica operaciones de suma, resta y multiplicación y no contiene paréntesis, primero debe efectuarse la multiplicación y después la suma y la resta. Así, aun sin paréntesis, quedará claro en qué orden deben realizarse las operaciones de la expresión $am + bm + cm + \dots$.

§ 60. Hasta ahora siempre hemos considerado dados todos los factores y buscado el producto. Sin embargo, hay muchos problemas en los que, por el contrario, se da el producto de dos números y uno de esos números es desconocido.

Problema 1. En una clase se repartieron 75 cuadernos, 3 cuadernos a cada alumno. ¿Cuántos alumnos hay en la clase?

Si multiplicamos el número de cuadernos recibidos por un alumno (es decir, 3) por el número desconocido de alumnos, debemos obtener el número total de cuadernos repartidos (es decir, 75). Por tanto, aquí se dan el producto (75) y uno de los factores (3), y se busca el otro factor. El número buscado de alumnos es 25, porque $3 \cdot 25 = 75$.

Problema 2. En una clase hay 30 alumnos. Si se reparten por igual entre ellos 120 hojas de papel, ¿cuántas recibirá cada uno?

Si multiplicamos el número desconocido de hojas recibidas por cada alumno por el número de alumnos (30), debemos obtener el número total de hojas repartidas (es decir, 120). Por tanto, aquí también se dan el producto (120) y uno de los factores (30), y se busca el otro factor. Cada alumno recibirá 4 hojas, porque $4 \cdot 30 = 120$.

§ 61. La operación que consiste en hallar uno de los factores a partir del producto dado y del otro factor se llama división. En este caso, el producto dado se llama **dividendo**, el factor dado se llama **divisor** y el factor buscado se llama **cociente**. Para resolver el primer problema hay que dividir 75 entre 3; aquí, el dividendo es 75, el divisor es 3 y el cociente es 25. Para resolver el segundo problema hay que dividir 120 entre 30; aquí, el dividendo es 120, el divisor es 30 y el cociente es 4.

La división se indica mediante el signo :, que separa el dividendo del divisor (el dividendo queda a la izquierda y el divisor a la derecha), o mediante una raya horizontal, que también separa el dividendo del divisor (el dividendo queda arriba y el divisor abajo). Así, cada una de las igualdades

$$75 : 3 = 25, \qquad \frac{75}{3} = 25$$

significa que al dividir el número 75 entre el número 3 se obtiene 25 como cociente.

§ 62. Observación. Puesto que el producto no cambia al intercambiar los factores (ley conmutativa de la multiplicación), para el resultado de la división es indiferente cuál de los dos factores —el multiplicando o el multiplicador— sea el dado y cuál sea el buscado. Pero, si queremos tener en cuenta el contenido concreto del problema que se resuelve, esos dos casos pueden ser completamente distintos.

Así, en el primer problema buscamos cuántas veces hay que tomar 3 (cuadernos) para formar 75 (cuadernos); aquí se da el multiplicando (3) y se busca el multiplicador. Por el contrario, en el segundo problema buscamos qué número (de hojas de papel) hay que tomar 30 veces para obtener 120 (hojas); aquí se da el multiplicador 30 y se busca el multiplicando.

Por tanto, puede decirse que una misma operación aritmética —la división— resuelve dos problemas diferentes por su contenido.

§ 63. No se puede dividir entre cero. En toda división, el divisor puede ser cualquier número excepto cero. No se puede dividir entre cero. Veamos por qué. Si el dividendo no es cero, sino cualquier otro número, por ejemplo 5, dividirlo entre cero significaría hallar un número que, después de multiplicarlo por cero, diera 5; pero no existe tal número, porque todo número multiplicado por cero vuelve a dar cero. Si el dividendo también es igual a cero, la división es posible, pero cualquier número puede servir como cociente, porque en este caso cualquier número, multiplicado por el divisor (0), da el dividendo (es decir, nuevamente 0). Así, aunque en este caso la división es posible, no conduce a un resultado único y determinado. Por eso, el cero no puede servir como divisor.

§ 64. División con residuo. La división de dos números no siempre es posible. Por ejemplo, 27 no puede dividirse entre 6, porque no existe un número entero que, multiplicado por 6, dé 27. Se dice que 27 no es divisible entre 6.

Si queremos, por ejemplo, repartir por igual 27 cuadernos entre seis alumnos, no podemos hacerlo; podemos dar a cada alumno 4 cuadernos, lo que suma 24 cuadernos, y quedarán 3 cuadernos sin repartir.

Incluso en este caso se conviene hablar de la división de 27 entre 6; como antes, 27 se llama dividendo y 6, divisor; el número 4 se llama **cociente incompleto**, y el número 3, **residuo de la división**. La propia división se llama en este caso **división con residuo**. Así, en una división con residuo, se llama cociente incompleto al mayor número que, multiplicado por el divisor, produce un resultado que no supera al dividendo. La diferencia entre el dividendo y ese producto se llama residuo.

De aquí se sigue que el residuo siempre es menor que el divisor.

La división con residuo puede escribirse así:

$$27 : 6 = 4 \text{ (residuo 3)}.$$

He aquí otros ejemplos de división con residuo:

$$\frac{32}{5} = 6 \text{ (residuo 2)}, \qquad 100 : 9 = 11 \text{ (residuo 1)}.$$

§ 65. Definición general de la división de números enteros. En el conjunto de los números enteros, la división exacta y la división con residuo pueden recibir la siguiente definición general: dividir un número a (el dividendo) entre un número b (el divisor) significa hallar dos números q (el cociente) y r (el residuo) que satisfagan las relaciones:

$$a = bq + r \quad \text{y} \quad r < b.$$

Como la igualdad $a = bq + r$ expresa que

$$a = \underbrace{(b + b + b + \cdots + b)}_{q \text{ sumandos}} + r,$$

y como en este caso $r < b$, el cociente q muestra, evidentemente, cuántas veces como máximo cabe el divisor en el dividendo.

Es fácil comprobar que, si el divisor b no es igual a cero, la operación de división así definida siempre es posible y siempre produce un resultado único. En efecto:

1) si $a < b$, entonces $q = 0$ y $r = a$, y solo este par de números satisface la definición;

2) si $a = b$, entonces $q = 1$ y $r = 0$, y ningún otro par de números satisface la definición; finalmente,

3) si $a > b$, el cociente q, como hemos visto, muestra cuántas veces como máximo cabe el divisor b en el dividendo a; por tanto, siempre que b no sea igual a cero, este cociente existe y es claro que solo puede ser uno. Entonces también existe el residuo r (es igual a la diferencia $a - bq$), y solo puede ser uno.

Observemos además que el residuo al dividir entre el número b puede ser cualquier número de la sucesión $0, 1, 2, \ldots, b - 1$. De aquí se sigue que el número de residuos distintos que pueden obtenerse al dividir entre el número b es igual a b.

§ 66. Comparación de la división con la multiplicación. Al multiplicar dos números se busca su producto, mientras que en la división exacta el producto se da y se busca el número que, al multiplicarse, lo produce (el multiplicando o el multiplicador). Por tanto, la división es la operación inversa de la multiplicación (y la multiplicación es inversa de la división). Si en una división se obtiene un residuo, el dividendo no es igual al producto del divisor por el cociente, sino que es igual a ese producto más el residuo. Así,

$$27 = 6 \cdot 4 + 3.$$

§ 67. Problemas que se resuelven mediante la división. He aquí varios problemas típicos en cuya solución se utiliza la división.

1) Cuando hay que averiguar cuántas veces contiene el número mayor al menor o, lo que es lo mismo, cuántas veces es un número mayor o menor que otro; por ejemplo, cuántas veces contienen 20 rublos a 5 rublos.

2) Cuando se requiere descomponer un número dado en varias partes iguales; por ejemplo, cuando se requiere descomponer 60 hojas de papel en 12 partes iguales (en forma abreviada: hallar la duodécima parte de 60 hojas).

3) Cuando hay que reducir un número dado varias veces, porque reducir, por ejemplo, 60 hojas de papel 12 veces significa tomar, en lugar de 60 hojas, la duodécima parte de 60 hojas.

§ 68. La división puede efectuarse mediante la suma, la resta y la multiplicación. Supongamos, por ejemplo, que hay que dividir 212 entre 53. Podemos hallar el cociente buscado:

1) **Mediante la suma:**

$$53 + 53 = 106; \quad 106 + 53 = 159; \quad 159 + 53 = 212.$$

Resulta que hay que repetir 53 como sumando 4 veces para obtener 212; por tanto, el cociente buscado es 4.

2) **Mediante la resta:**

$$-\begin{array}{r}212\\ \underline{53}\\ 159\end{array} \qquad -\begin{array}{r}159\\ \underline{53}\\ 106\end{array} \qquad -\begin{array}{r}106\\ \underline{53}\\ 53\end{array} \qquad \begin{array}{r}53\\ \underline{53}\\ 0\end{array}$$

Resulta que 53 puede restarse de 212 cuatro veces; por tanto, el cociente buscado es 4.

3) **Mediante la multiplicación:**

$$53 \cdot 2 = 106; \quad 53 \cdot 3 = 159; \quad 53 \cdot 4 = 212.$$

El cociente buscado es 4. Sin embargo, estos métodos son incómodos si el cociente es un número grande; la aritmética indica un procedimiento más sencillo, que examinaremos ahora.

§ 69. Cómo determinar si el cociente será de una cifra. Para ello basta multiplicar mentalmente el divisor por 10 y comparar el producto obtenido con el dividendo.

Ejemplo 1. $534 : 68 = ?$ Si multiplicamos 68 por 10 (es decir, si escribimos un cero a la derecha del número 68), obtenemos 680; pero 534 es menor que 680. Por tanto, el cociente debe ser menor que 10; en consecuencia, debe ser un número de una cifra.

Ejemplo 2. $534 : 37 = ?$ Si multiplicamos 37 por 10, obtenemos 370; pero 534 es mayor que 370. Por tanto, el cociente no puede ser menor que 10; en consecuencia, no puede ser un número de una cifra.

§ 70. Cómo hallar un cociente de una cifra. Consideremos dos casos: cuando el divisor también tiene una cifra y cuando el divisor tiene varias cifras.

1) Cuando el divisor y el cociente son ambos números de una cifra, el cociente se halla mediante la tabla de multiplicar. Por ejemplo, el cociente de dividir 56 entre 8 será 7, porque siete veces ocho es exactamente 56; el cociente de dividir 42 entre 9 es 4, porque cuatro veces nueve es 36, que es menor que 42, mientras que cinco veces nueve da 45, que es mayor que 42. Por tanto, en el cociente hay que tomar 4, y en el residuo se obtiene $42 - 36 = 6$.

2) Cuando el divisor consta de varias cifras y el cociente tiene una sola cifra, este cociente se halla probando una o varias cifras.

Ejemplo. 43530 : 6837.

Primero, mediante el procedimiento indicado en § 69, comprobamos que el cociente tiene una sola cifra. Después, mentalmente descartamos en el divisor todas las cifras excepto la primera de la izquierda, es decir, dejamos en el divisor solo 6 mil. En el dividendo descartamos mentalmente por la derecha tantas cifras como descartamos en el divisor, es decir, dejamos en el dividendo solo 43 mil. Preguntémonos ahora: ¿por qué número hay que multiplicar 6 para obtener 43 o un número menor que 43, pero lo más cercano posible a 43? En la tabla de multiplicar encontramos que ese número es 7, porque siete veces seis es 42 y ocho veces seis es 48. Por tanto, el cociente buscado debe ser 7 o menor que 7 (puede resultar menor que 7 porque hemos descartado algunas cifras del dividendo y del divisor). Comencemos la prueba con el número 7. Para ello, multipliquemos 6837 por 7; si obtenemos más de 43530, el número 7 no sirve; entonces probaremos el número inmediatamente menor, 6:

$$\begin{array}{r} \cdot 6837 \\ 7 \\ \hline 47859 \end{array} \qquad \begin{array}{r} \cdot 6837 \\ 6 \\ \hline 41022 \end{array} \qquad \begin{array}{r} -\ 43530 \\ 41022 \\ \hline 2508 \end{array}$$

El producto $6837 \cdot 7$ resultó mayor que 43530, y el producto $6837 \cdot 6$, menor que este número. Por tanto, el cociente debe ser 6, y se obtiene un residuo de 2508[7)].

Observación. En algunos casos es más conveniente hallar de otra manera la primera cifra que se va a probar. Así, al observar que en el ejemplo elegido el divisor 6837 difiere poco de 7 mil (en todo caso, menos que de 6 mil), hallamos por qué número hay que multiplicar 7 para obtener un número lo más cercano posible a 43. En la tabla de multiplicar encontramos que ese número es 6. Por tanto, el cociente debe ser 6 o mayor que 6 (porque el divisor es menor que 7 mil). Comencemos la prueba con el número 6. Para ello, multipliquemos el divisor por 6 y restemos el producto del dividendo; si queda más de 6837, el número 6 es demasiado pequeño y habrá que probar el número 7; pero si queda menos de 6837, el número 6 se ha encontrado correctamente. El residuo resultó ser 2508; por tanto, el número 6 es correcto.

[7)] Para abreviar el trabajo, antes de escribir en el cociente la cifra que se prueba y multiplicar por ella todo el divisor, a veces conviene multiplicar mentalmente solo las dos primeras cifras del divisor y comparar el producto obtenido con las cifras correspondientes del dividendo.

Es útil proceder de esta manera cuando la segunda cifra del divisor es mayor que 5. Por ejemplo, el divisor 6837, debido a que su segunda cifra es mayor que 7, está más cerca de 7000 que de 6000.

§ 71. Cómo hallar el cociente en el caso general. Supongamos que se requiere dividir 64528 entre 23. Para mayor claridad, imaginemos esta operación como la descomposición del número 64528 en 23 partes iguales.

1) Primero tomemos de nuestro número 64 mil y tratemos de descomponerlos en 23 partes iguales; a cada parte le corresponderán 2 mil, y quedarán otros 18 mil sin repartir.

2) Esos 18 mil restantes forman 180 centenas; a ellas añadiremos las 5 centenas que contiene el número dado. Intentemos descomponer las 185 centenas obtenidas en 23 partes iguales; a cada parte le corresponderán 8 centenas y quedará 1 centena sin repartir.

3) Esa centena restante forma 10 decenas; a ellas añadiremos las 2 decenas que contiene nuestro número. Intentamos descomponer las 12 decenas resultantes en 23 partes iguales; no corresponde ni una sola decena a cada parte, y las 12 decenas quedan sin repartir.

4) Esas 12 decenas restantes forman 120 unidades; a ellas añadiremos las 8 unidades que contiene nuestro número. Intentamos descomponer las 128 unidades obtenidas en 23 partes iguales; a cada parte le corresponden 5 unidades y quedan 13 unidades sin repartir.

En total, a cada parte le corresponden 2 mil, 8 centenas y 5 unidades, mientras que quedan 13 unidades sin repartir. Esto significa que el cociente de dividir 64528 entre 23 es 2805 y el residuo es 13. Las operaciones suelen disponerse así:

```
64528 | 23
46::: |------
185 : | 2805
184 :
  128
  115
   13
```

Aquí observamos: 1) los números de los que se compone sucesivamente el cociente representan unidades de distintos órdenes (2 mil, 8 centenas, 0 decenas y 5 unidades); por tanto, en lugar de escribirlos completos (2000 + 800 + 5), podemos escribir simplemente las cifras correspondientes una tras otra, como se muestra en la operación. En este caso hay que colocar un cero cada vez que la división no produce una cifra significativa (las decenas en nuestro ejemplo); 2) después de obtener un residuo en alguna división (por ejemplo, en nuestro caso, 18 en la primera división), para descomponerlo en unidades del orden siguiente, inferior, y añadir el número de unidades de ese orden que hay en el dividendo, podemos simplemente «bajar» la cifra correspondiente del dividendo (5 en nuestro ejemplo) y escribirla a la derecha del residuo obtenido, como se muestra con la línea punteada en la operación.

Gracias a estas simplificaciones, la división puede realizarse con gran rapidez después de adquirir cierta práctica. He aquí otros tres ejemplos de división:

```
1470035 | 7
14::::: |-------
--      | 210005
  7    :
  7    :
  -
  0035
    35
    --
     0
```

```
3480000 | 15
30::::: |-------
--      | 232000
 48:
 45:
 --
  30
  30
  --
   000
```

```
130987 | 929
 929:: |-----
 ----  | 140
 3808
 3716
 ----
  927
```

§ 72. Método abreviado de división entre un número de una cifra.

Cuando el divisor tiene una sola cifra, para abreviar la escritura conviene acostumbrarse a efectuar mentalmente todas las restas y escribir solamente los residuos. Por ejemplo:

```
563087 | 6
--     |-------
 23::: | 93847
 --
  50::
  --
   28:
   --
    47
    --
     5
```

o, de forma aún más breve,

```
563087 | 6
       |-------
     5 | 93847
```

Aquí, la cifra 5 que aparece debajo de la línea representa el residuo final.

§ 73. Caso en que el divisor termina en ceros. La división se simplifica cuando el divisor termina en uno o varios ceros. Consideremos primero el caso en que el divisor es una unidad seguida de ceros. Dividir un número entre 10, 100, 1000, etcétera, significa averiguar cuántas decenas, centenas, miles, etcétera, contiene ese número. Esto se averigua fácilmente mediante la regla de numeración indicada antes (§ 13). Por ejemplo:

$$54634 : 10 = 5463 \text{ (residuo 4)}, \qquad 54634 : 1000 = 54 \text{ (residuo 634)}.$$

Regla. Para dividir un número entre una unidad seguida de ceros, basta separar por la derecha del dividendo tantas cifras como ceros haya en el divisor; las cifras restantes del dividendo representan el cociente y las cifras separadas, el residuo.

Consideremos ahora el caso en que el divisor es un número que termina en ceros; por ejemplo:

$$
\begin{array}{r|l}
389224 & 7300 \\ \cline{2-2}
365\vdots & 53 \\ \cline{1-1}
242 & \\
219 & \\ \cline{1-1}
2324 &
\end{array}
$$

El divisor representa 73 centenas. Para averiguar cuántas veces caben 73 centenas en el dividendo, lo dividimos en dos partes: centenas y unidades. La primera parte es 3892 centenas y la segunda, 24 unidades. 73 centenas solo pueden caber en una de esas partes, precisamente en las centenas.

Pero 73 centenas caben en 3892 centenas tantas veces como 73 unidades cualesquiera caben en 3892 unidades del mismo tipo. Por tanto, dividimos 3892 entre 73, sin prestar atención a que se trata de centenas.

Al efectuar la división, encontramos que 73 centenas caben 53 veces en 3892 centenas, y quedan 23 centenas. Al añadir a esas 23 centenas las 24 unidades del dividendo, obtenemos 2324; en este número, 73 centenas no caben ni una sola vez. Por consiguiente, 2324 será el residuo.

He aquí otro ejemplo, en el que tanto el dividendo como el divisor terminan en ceros:

$$
\begin{array}{r|l}
35000 & 7300 \\ \cline{2-2}
292 & 4 \\ \cline{1-1}
5800 &
\end{array}
$$

Regla. Si el divisor termina en ceros, se descartan mentalmente esos ceros del divisor y, en el dividendo, se descartan mentalmente por la derecha tantas cifras como ceros se hayan descartado en el divisor; se dividen los números restantes y al residuo se le bajan las cifras descartadas del dividendo.

§ 74. Comprobación de la multiplicación. Puesto que el producto no cambia al intercambiar los factores, para comprobar una multiplicación se puede efectuar una segunda vez, multiplicando el multiplicador por el multiplicando.

Por ejemplo:

```
multiplicación:  ·532        comprobación:  ·145
                  145                        532
                 ----                        ---
                 2660                        290
                2128                        435
                532                        725
                -----                      -----
                77140                      77140
```

Los dos productos resultaron iguales; por consiguiente, es muy probable que la operación se haya realizado correctamente.

La multiplicación también puede comprobarse mediante la división. Para ello hay que dividir el producto obtenido entre uno de los factores; si en el cociente se obtiene el otro factor, puede considerarse probable que la multiplicación se haya realizado correctamente.

§ 75. Comprobación de la división. La división puede comprobarse mediante la multiplicación, basándose en que el dividendo debe ser igual al divisor multiplicado por el cociente, más el residuo si lo hay. Por ejemplo:

```
división: 8375| 42          comprobación:  ·199
          42::|----                          42
          --  | 199                         ---
          417:                              398
          378:                             796
          ---                              ----
           395                             8358
           378                           +   17
           ---                             ----
            17                             8375
```

Multiplicamos el cociente 199 por el divisor 42 y sumamos el residuo 17 al producto obtenido. Como después de esto obtuvimos un número igual al dividendo, es muy probable que la operación se haya realizado correctamente.

Si la división se efectúa sin residuo, también puede comprobarse mediante otra división. En efecto, como el dividendo es el producto del divisor y el cociente, al dividir el dividendo entre el cociente debe obtenerse el divisor. Por ejemplo:

```
división: 544| 17          comprobación: 544| 32
          51:|---                        32:|---
          --  | 32                       --  | 17
           34                            224
           34                            224
           --                            ---
```

§ 76. Cómo dividir entre un producto. Supongamos que se requiere dividir 60 entre el producto $5 \cdot 3$, es decir, entre 15. Para ello basta dividir 60 entre 5 y dividir después entre 3 el cociente obtenido:

$$60 : 5 = 12; \qquad 12 : 3 = 4.$$

La manera más sencilla de explicar por qué esta doble división (entre 5 y entre 3) da el resultado correcto consiste en considerar la división como una descomposición del dividendo en partes iguales. Entonces podemos decir que, mediante la primera división (entre 5), descomponemos 60 en 5 partes iguales y obtenemos 12 en cada parte; mediante la segunda división (entre 3), descomponemos 12 en 3 partes iguales y obtenemos 4 en cada parte. Esto puede representarse visualmente así:

$$\overbrace{12 + 12 + 12 + 12 + 12}^{60}$$

$$\overbrace{4+4+4}^{12} + \overbrace{4+4+4}^{12} + \overbrace{4+4+4}^{12} + \overbrace{4+4+4}^{12} + \overbrace{4+4+4}^{12}$$

De aquí se desprende que, después de estas dos divisiones, el número 60 queda descompuesto en 15 partes iguales.

De manera semejante podemos explicar que, para dividir el número 300 entre el producto de tres factores $3 \cdot 5 \cdot 4$, se puede dividir 300 entre 3 (se obtiene 100), dividir después ese cociente entre 5 (se obtiene 20) y, finalmente, dividir el último cociente entre 4 (se obtiene 5). Por tanto, para dividir un número cualquiera entre un producto, se puede dividir ese número entre el primer factor, dividir el cociente obtenido entre el segundo factor, ese cociente entre el tercero, y así sucesivamente (se supone que cada división se efectúa sin residuo).

Esta propiedad puede utilizarse a veces para efectuar divisiones mentalmente; por ejemplo, para dividir 1840 entre 20, tenemos en cuenta que $20 = 10 \cdot 2$ y dividimos 1840 entre 10 (obtenemos 184) y el número obtenido entre 2 (obtenemos 92). De manera semejante, para dividir un número cualquiera entre 8, es decir, entre un producto igual a $2 \cdot 2 \cdot 2$, se puede dividir el dividendo entre 2, después otra vez entre 2 y una tercera vez entre 2.

§ 77. Cambio del cociente al cambiar el dividendo y el divisor.

1) Si aumentamos (o disminuimos) el dividendo varias veces, el cociente aumentará (o disminuirá) el mismo número de veces. Así, si en el ejemplo $20 : 5 = 4$ aumentamos el dividendo, por ejemplo, 3 veces, es decir, en lugar de 20 tomamos como dividendo $20 + 20 + 20$, obtenemos $60 : 5 = 12$. El nuevo cociente resultó ser 3 veces mayor que el anterior, porque, si 5 cabe cuatro veces en 20, entonces debe caber en la suma $20 + 20 + 20$ cuatro veces, y otras cuatro veces, y otras cuatro veces; es decir, 3 veces más que en 20.

2) Si aumentamos (o disminuimos) el divisor varias veces, el cociente disminuirá (o aumentará) el mismo número de veces. Así, si en el ejemplo $60 : 5 = 12$ aumentamos el divisor, por ejemplo, 3 veces, es decir, en lugar de 5 tomamos 15 como divisor, obtenemos $60 : 15 = 4$. El nuevo cociente resultó ser 3 veces menor que el anterior.

Y debe ser así, porque 15 es el producto $5 \cdot 3$, y para dividir entre un producto se puede dividir el dividendo entre el primer factor (entre 5) y después dividir entre el segundo factor (entre 3) el número obtenido (12), con lo cual este disminuye 3 veces. Aquí se supone que la división se efectúa sin residuo. Si hay un residuo, el cociente puede cambiar de una manera distinta de la indicada. Tomemos, por ejemplo, la división $23 : 5 = 4$ (residuo 3) y aumentemos el dividendo 3 veces. Obtenemos $69 : 5 = 13$ (residuo 4); el cociente aumentó más de 3 veces.

Observación. Cuando el dividendo y el divisor cambian simultáneamente, el cociente puede aumentar, disminuir o permanecer sin cambio. Para saber de antemano cómo cambiará el cociente, hay que suponer que primero cambia solo el dividendo y después también el divisor (compárese § 53). Debemos prestar especial atención a los casos en que el cociente permanece sin cambio.

3) El cociente no cambia cuando el dividendo y el divisor aumentan el mismo número de veces, porque al aumentar el dividendo el cociente aumenta y al aumentar el divisor disminuye el mismo número de veces. Así, si en el ejemplo $60 : 15 = 4$ aumentamos el dividendo y el divisor 5 veces, obtenemos $300 : 75 = 4$.

4) El cociente no cambia cuando el dividendo y el divisor disminuyen el mismo número de veces, porque al disminuir el dividendo el cociente disminuye y al disminuir el divisor aumenta el mismo número de veces. Así, si en el mismo ejemplo disminuimos el dividendo y el divisor 5 veces, obtenemos $12 : 3 = 4$.

§ 78. Cómo dividir un producto. Supongamos que se requiere dividir entre 4 el producto $8 \cdot 12 \cdot 20$. En lugar de calcular primero este producto (es igual a 1920) y dividirlo después entre 4 (obteniendo 480), podemos dividir entre 4 cualquiera de los factores, dejar los demás sin cambio y calcular después el producto. Por ejemplo, dividamos 12 entre 4 y dejemos sin cambio 8 y 20; obtenemos $8 \cdot 3 \cdot 20 = 480$, es decir, obtenemos el mismo número que antes.

Y debe ser así, porque dividir entre 4 significa disminuir 4 veces, y un producto disminuye 4 veces si disminuimos 4 veces uno de sus factores. Por tanto, para dividir un producto entre un número cualquiera, se puede dividir entre ese número uno de los factores y dejar los demás sin cambio.

§ 79. Cómo dividir una suma y cómo dividir una diferencia. [8)]

1) Para dividir una suma entre un número, se puede dividir cada sumando por separado entre ese número y sumar los cocientes obtenidos (se supone que todas las divisiones se realizan sin residuo). Así, para dividir la suma $21 + 14 + 35$ entre 7 (es decir, averiguar cuántas veces está contenido el 7 en esta suma), podemos averiguar cuántas veces está contenido el 7 en 21 (3 veces), luego en 14 (2 veces), después en 35 (5 veces), y sumar los números obtenidos: $3 + 2 + 5 = 10$.

2) Para dividir una diferencia entre un número, se puede dividir por separado el minuendo y el sustraendo entre ese número, y luego restar el segundo cociente del primero. Así,

$$(40 - 25) : 5 = (40 : 5) - (25 : 5) = 8 - 5 = 3.$$

Y así debe ser, porque 40 contiene 8 cincos, y 25 contiene 5 cincos, y 8 cincos menos 5 cincos obviamente contiene 3 cincos.

§ 80. Observación sobre el orden de las operaciones en fórmulas. La suma y la resta se denominan operaciones de primera etapa, mientras que la multiplicación y la división se denominan operaciones de segunda etapa. Para reducir el número de casos en los que es necesario recurrir a paréntesis para expresar el orden de las operaciones, se acordó: si en una expresión sin paréntesis se indican operaciones de una sola etapa, estas se realizan en el orden en que están escritas (de izquierda a derecha). Así, la expresión

$$40 - 10 + 15 - 8$$

significa que de 40 se resta 10 (obtenemos 30), al número obtenido se le suma 15 (obtenemos 45) y luego se resta 8 (obtenemos 37). O la expresión

$$400 : 4 \cdot 5 : 2$$

significa que 400 se divide entre 4 (obtenemos 100), el cociente se multiplica por 5 (obtenemos 500) y este producto se divide entre 2 (obtenemos 250).

Si, en cambio, en una expresión sin paréntesis se indican operaciones de diferentes etapas, primero se realizan las operaciones de segunda etapa (multiplicación y división), y luego las operaciones de primera etapa (suma y resta). Por ejemplo, la expresión

$$6 + 20 \cdot 4 - 10 : 2$$

significa que se debe multiplicar 20 por 4 (obtenemos 80), luego dividir 10 entre 2 (obtenemos 5), después sumar 6 a 80 (obtenemos 86) y, finalmente, restar 5 (obtenemos 81).

Las desviaciones de este orden se indican con paréntesis. Así, si se escribe

[8)] Nota editorial: la copia congelada heredada omite los § 79–80 entre el § 78 y el § 81; aquí se restituyen desde la fuente canónica auditada.

$$6 + (20 \cdot 4 - 10) : 2,$$

esto significa: multiplicar 20 por 4, restar 10, dividir entre 2 y sumar a 6 (obtenemos 41).

Sección II
SOBRE LA DIVISIBILIDAD DE LOS NÚMEROS

I. Pruebas de divisibilidad

§ 81. Observaciones preliminares. De las cuatro operaciones aritméticas, dos—la suma y la multiplicación—siempre se pueden realizar (es decir, con cualquier número). La resta, aunque no siempre se puede realizar, tiene un criterio muy simple para su viabilidad: el minuendo no debe ser menor que el sustraendo; por lo tanto, si se dan dos números, siempre podemos decir inmediatamente si el segundo se puede restar del primero.

Muy diferente es el caso de la división; sabemos que la división (sin residuo) no siempre se puede realizar; pero a veces es muy difícil, sin realizar realmente la división, determinar si un número es divisible por otro. Por lo tanto, las preguntas más difíciles de la aritmética están relacionadas con la operación de división. Algunas de estas preguntas las consideraremos en la presente sección.

Cuando un número es divisible por otro sin residuo, entonces, por brevedad, simplemente se dice que el primer número es divisible por el segundo. En este caso también se dice que el primer número es un múltiplo del segundo, y el segundo es un divisor del primero. Así, 15 es un múltiplo de tres, y 3 es un divisor de 15.

Nótese que cero es divisible por cualquier número (excepto cero), siendo el cociente igual a cero. En efecto, dado que $a \cdot 0 = 0$, cualquiera que sea el número a, entonces $0 : a = 0$. Existen criterios mediante los cuales a veces se puede determinar fácilmente, sin realizar realmente la división, si un número dado es o no divisible por ciertos otros números. Estos criterios los consideraremos ahora.

§ 82. Divisibilidad de una suma y una diferencia. Al derivar los criterios de divisibilidad, utilizaremos frecuentemente las siguientes propiedades de una suma y una diferencia:

1) si cada sumando es divisible por uno y el mismo número, entonces la suma también será divisible por este número;

2) si un sumando no es divisible, mientras que todos los demás son divisibles por algún número, entonces la suma no será divisible por ese número;

3) si el minuendo y el sustraendo son divisibles por el mismo número, entonces la diferencia también será divisible por ese número.

Las propiedades 1) y 3) son obvias: si, por ejemplo, el número 5 está contenido un número entero (9) de veces en el número 45 y un número entero (7) de veces en el número 35, entonces evidentemente estará contenido un número entero ($9 + 7 =$

16) de veces en su suma y un número entero (9 - 7 = 2) de veces en su diferencia.

La propiedad 2) se demuestra fácilmente una vez que se han establecido las propiedades 1) y 3). Tomemos, por ejemplo, la suma 102 = 45 + 35 + 22. Aquí los sumandos 45 y 35 son divisibles por 5, mientras que el último sumando, 22, no es divisible por 5. Mostramos que la suma 102 tampoco puede ser divisible por 5. Dado que 45 y 35 son divisibles por 5, su suma 45 + 35 = 80 es, por la propiedad 1), divisible por 5. Pero de la igualdad 102 = 45 + 35 + 22 se sigue que 102 - (45 + 35) = 22, o 102 - 80 = 22. Si 102 fuera divisible por 5, entonces por la propiedad 3) la diferencia 102 - 80 = 22 también tendría que ser divisible por 5; dado que 22 no es divisible por 5, se sigue que 102 tampoco puede ser divisible por 5.

§ 83. Criterio de divisibilidad por 2. Los números divisibles por 2 se llaman pares, y los que no son divisibles por 2 se llaman impares. En la serie natural de números, los números impares y pares se alternan; así, 1 es un número impar, 2 es un número par, 3 es un número impar, 4 es un número par, y así sucesivamente.

Todo número que termina en cero representa una suma de decenas; por ejemplo, 320 es la suma de 32 decenas. Pero una decena es divisible por 2; por lo tanto, la suma de varias decenas también es divisible por 2 (contiene tantas veces 5 doses como decenas hay en ella). Por lo tanto, todo número que termina en cero es divisible por 2.

Por ejemplo:

$$320 : 2 = 160.$$

Ahora tomemos un número que termina en cualquier cifra par, por ejemplo 328. Este número se puede representar como una suma así:

$$328 = 320 + 8.$$

Cada uno de los números 320 y 8 es divisible por 2; por lo tanto, por la propiedad 1) (§ 82), 328 también será divisible por 2 y será un número par. Por el contrario, un número que termina en una cifra impar, por ejemplo 329, no puede ser divisible por 2.

En efecto,

$$329 = 320 + 9;$$

dado que 320 es divisible por 2, mientras que 9 no lo es, entonces por la propiedad 2) (§82) 329 no puede ser divisible por 2. Por lo tanto, todos y solo aquellos números son divisibles por 2 que terminan en una cifra par.

Nota. La cifra cero se considera par, ya que representa un número divisible por 2 (§81).

§ 84. Prueba de divisibilidad por 4. Todo número que termina en dos ceros representa una suma de centenas; por ejemplo, 2300 es la suma de 23 centenas. Pero una centena es divisible por 4; por lo tanto, la suma de varias centenas también es divisible por 4 (contiene tantas veces 25 cuatros como centenas hay en ella). Por lo tanto, todo número que termina en dos ceros es divisible por 4. Por ejemplo,

$$2300 : 4 = 575.$$

Ahora tomemos dos números tales que las dos últimas cifras de uno de ellos expresen un número divisible por 4, y del otro — un número no divisible por 4, por ejemplo: 2348 y 2350 (48 es divisible por 4, mientras que 50 no lo es). Se pueden representar como sumas así:

$$2348 = 2300 + 48; \; 2350 = 2300 + 50.$$

En el primer ejemplo, cada sumando es divisible por 4, por lo tanto la suma también es divisible por 4; por lo tanto, el número 2348 es divisible por cuatro. En el segundo ejemplo, el primer sumando es divisible por 4, mientras que el segundo no lo es, por lo tanto la suma 2350 no es divisible por 4. Por lo tanto, todos y solo aquellos números son divisibles por 4 cuyas dos últimas cifras expresan un número divisible por 4. De la misma manera es fácil demostrar que todos y solo aquellos números son divisibles por 8 cuyas tres últimas cifras expresan un número divisible por 8.

§ 85. Pruebas de divisibilidad por 5 y por 10. Una decena es divisible por 5 y por 10; por lo tanto, un número compuesto de decenas, es decir, que termina en cero, es divisible por 5 y por 10. Si un número no termina en cero, entonces no es divisible por 10, mientras que por 5 solo se divide cuando su última cifra es 5, porque entre todos los números de una cifra solo 5 es divisible por 5. Por lo tanto, todos y solo aquellos números son divisibles por 5 que terminan en cero o en la cifra 5; todos y solo aquellos números son divisibles por 10 que terminan en cero.

Observación. De manera similar se puede determinar que todos y solo aquellos números son divisibles por 25 cuyas dos últimas cifras son ceros, o 25, o 50, o 75. Todos y solo aquellos números son divisibles por 50 cuyas dos últimas cifras son ceros o 50.

§ 86. Criterios de divisibilidad por 3 y por 9. Primero, observemos que todo número escrito mediante la cifra única 9, es decir, 9, 99, 999, y así sucesivamente, es divisible tanto por 3 como por 9. En efecto:

$$999 : 3 = 333; \; 9999 : 3 = 3333, \text{ etc.}$$

$$999 : 9 = 111; \; 9999 : 9 = 1111, \text{ etc.}$$

Habiendo notado esto, tomemos algún número, por ejemplo 2457, y descompongámoslo en unidades separadas de varios lugares (excepto las unidades simples, que dejaremos sin descomponer):

$$\begin{aligned}2457 = 1000 + 1000 +\\ +100 + 100 + 100 + 100 +\\ +10 + 10 + 10 + 10 + 10 +\\ +7\end{aligned}$$

Descompongamos cada mil en 999 y 1, cada centena en 99 y 1, cada decena en 9 y 1. Entonces, en lugar de 2 miles obtenemos 2 veces 999 y 2 unidades; en lugar de 4 centenas obtenemos 4 veces 99 y 4 unidades; en lugar de 5 decenas — 5 veces 9 y otras 5 unidades. En consecuencia:

$$\begin{aligned}2457 = 999 + 999 \qquad & + 2 +\\ +99 + 99 + 99 + 99 \qquad & + 4 +\\ +9 + 9 + 9 + 9 + 9 \qquad & + 5 +\\ & + 7\end{aligned}$$

Los sumandos 999, 99 y 9 son divisibles por 3 y por 9; por lo tanto, la divisibilidad del número dado por 3 o por 9 depende solo de la suma 2 + 4 + 5 + 7; si esta suma es divisible (no divisible) por 3 o por 9, entonces el número dado también es divisible (no divisible) por estos números. La suma 2 + 4 + 5 + 7 es la suma de los números expresados por las cifras del número dado, escritas por separado; por brevedad, se dice que esta es la suma de las cifras del número dado. Por lo tanto: todos y solo aquellos números cuya suma de cifras es divisible por 3 son divisibles por 3; todos y solo aquellos números cuya suma de cifras es divisible por 9 son divisibles por 9. En el número 2457 la suma de las cifras es 18; 18 es divisible por 3 y por 9; por lo tanto, 2457 también es divisible tanto por 3 como por 9. En efecto:

$$2457 : 3 = 819;\ 2457 : 9 = 273.$$

Dado que 9 es divisible por 3, todo número divisible por 9 también será divisible por 3. Pero un número puede ser divisible por 3 y al mismo tiempo no ser divisible por 9. Así, en el número 17331 la suma de las cifras es 15; dado que 15 es divisible por 3, pero no por 9, entonces el número 17331 también es divisible por 3, pero no por 9.

Observación. En cursos detallados de aritmética se pueden encontrar más criterios de divisibilidad por 7, 11, 13, 37 y otros números; pero son tan complicados que usarlos en la práctica es inconveniente; por lo tanto, no los presentamos.

§ 87. Criterios de divisibilidad por 6, 12, 15. Si algún número es divisible por 6, entonces se puede descomponer en seises, es decir, representarse como una suma

$$6 + 6 + 6 + 6 + \ldots + 6.$$

Pero cada seis también se puede descomponer en doses (2 + 2 + 2) y en treses (3 + 3); por lo tanto, todo tal número también se puede descomponer en doses y en treses; en consecuencia, debe ser divisible tanto por 2 como por 3. Por lo tanto, para que un número sea divisible por 6, es necesario que sea divisible por 2 y por 3. Por ejemplo, el número 3584 no es divisible por 6, ya que no es divisible por 3 (aunque es divisible por 2); el número 3585 tampoco es divisible por 6, ya que no es divisible por 2 (aunque es divisible por 3). Pero este razonamiento aún no nos convence de que este criterio de divisibilidad por 6 sea suficiente, es decir, que todo número que sea divisible por 3 y por 2 también será divisible por 6. Demostremos ahora que esto es así. Supongamos que el número dado es divisible por 3 y por 2, y verifiquemos que en tal caso también será divisible por 6. Sea el número dado divisible por 3 y por 2. Entonces se puede descomponer en treses y en doses. Imaginemos que lo hemos descompuesto en treses:

$$3 + 3 + 3 + 3 + \ldots + 3.$$

Combinemos, comenzando desde la izquierda, cada 2 treses en 1 seis. Entonces debe resultar una de dos cosas: 1) todos los treses se combinarán en seises, no quedará ningún tres extra; esto significa que nuestro número está representado en la forma

$$6 + 6 + \ldots + 6,$$

es decir, se ha descompuesto en seises; en consecuencia, es divisible por 6; 2) queda un tres sin pareja, es decir, nuestro número está representado en la forma

$$6 + 6 + \ldots + 6 + 3.$$

Pero aquí todos los sumandos, excepto el último, son divisibles por 2; por lo tanto, en virtud de la propiedad 2) (§ 82) nuestro número no sería divisible por 2; y dado que por condición es divisible por 2, este caso es imposible.

Ahora podemos afirmar que para que un número sea divisible por 6, es necesario y suficiente que sea divisible por 2 y por 3; o, más brevemente: todos aquellos y solo aquellos números son divisibles por 6 que son divisibles tanto por 2 como por 3.

Por ejemplo, el número 13854 es divisible por 6, ya que es divisible por 2 (termina en una cifra par) y al mismo tiempo es divisible por 3 (la suma de sus cifras es divisible por 3). En efecto, 13854 : 6 = 2309.

De la misma manera se puede verificar que todos aquellos y solo aquellos números son divisibles por 12 que son divisibles por 3 y por 4; todos aquellos y solo aquellos números son divisibles por 15 que son divisibles por 3 y por 5.

§ 88. Justificación general de los criterios de divisibilidad del tipo anterior. Los criterios de divisibilidad por 6, 12, 15 y por muchos otros números tienen un fundamento teórico común, que expondremos aquí.

Teorema. Si el producto de dos números a_1a_2 es divisible por un tercer número p, y uno de los números a_1 o a_2 no tiene divisores comunes con p excepto la unidad, entonces el otro de ellos es divisible por p.

Demostración. Supongamos, por ejemplo, que el número a_1 no tiene divisores comunes con p excepto la unidad; entonces demostraremos que el número a_2 debe ser divisible por p.

Dividamos a_1 por p, y llamemos cociente y residuo de esta división q y r, respectivamente. Entonces $a_1 = pq + r$.

Determinemos respecto al residuo r que: 1) no es igual a 0, y 2) no tiene divisores comunes con p excepto la unidad. En efecto, si $r = 0$, entonces $a_1 = pq$, y entonces a_1 sería divisible por p, y en consecuencia los números a_1 y p tendrían un divisor común diferente de la unidad, lo que contradice la condición del teorema. Supongamos además que p y r tienen algún divisor común $t > 1$. Entonces a_1 sería divisible por t, y en consecuencia a_1 y p tendrían un divisor común $t > 1$, lo que contradice la condición.

Si el residuo r no es igual a la unidad, entonces dividamos p por r, y llamemos cociente y residuo de esta división q_1 y r_1, respectivamente. Entonces $p = rq_1 + r_1$.

Dado que p y r, como se ha demostrado, no tienen divisores comunes excepto la unidad, de la última igualdad determinamos, de manera similar a la anterior, que: 1) r_1 no es igual a cero, y 2) r y r_1 no tienen divisores comunes excepto la unidad. Si r_1 no es igual a la unidad, entonces dividamos r por r_1, de lo cual obtenemos un residuo r_2 no igual a cero y sin divisores comunes con r_1 excepto la unidad. Si r_2 no es igual a la unidad, entonces dividamos r_1 por r_2, y así sucesivamente; entonces obtenemos una serie de igualdades: $a_1 = pq + r$, $p = rq_1 + r_1$, $r = r_1q_2 + r_2$, $r_1 = r_2q_3 + r_3$,

$$\dots\dots\dots\dots\dots\dots\dots\dots\dots\dots\dots\dots ,$$

de las cuales determinamos que los residuos r, r_1, r_2, etc. no son iguales a cero.

Dado que en cada división el residuo debe ser menor que el divisor, tenemos $r < p$, $r_1 < r$, $r_2 < r_1$, y así sucesivamente. Por lo tanto, habiendo realizado un número suficiente de divisiones, finalmente llegaremos a un residuo que es igual a uno.

Sea $r_n = 1$. Entonces: $r_{n-2} = r_{n-1}q_n + 1$.

Multipliquemos cada una de las igualdades obtenidas término por término por a_2:

$a_1a_2 = pqa_2 + ra_2$,

$pa_2 = rq_1a_2 + r_1a_2$,

$ra_2 = r_1q_2a_2 + r_2a_2$,

$$\dots\dots\dots\dots\dots\dots\dots\dots\dots\dots\dots\dots ,$$

$r_{n-2}a_2 = r_{n-1}q_na_2 + a_2$.

Volviendo nuestra atención a la primera de estas igualdades, razonamos de la siguiente manera: dado que el producto a_1a_2, por condición, es divisible por p, entonces la suma $pqa_2 + ra_2$ también es divisible por p; el primer término de esta suma es divisible por p; en consecuencia, el segundo término, es decir, el producto ra_2, también es divisible por p. Pasando luego a la segunda igualdad, encontramos que la suma $pa_2 + (ra_2)q_1$ es divisible por p, de lo cual concluimos que el segundo término r_1a_2 también es divisible por p. Pasando luego a la tercera igualdad, de la tercera a la cuarta, de la cuarta a la quinta, y así sucesivamente, finalmente llegaremos a la última igualdad, de la cual concluimos que a_2 es divisible por p.

§ 89. Corolario. Si un número a es divisible separadamente por dos números p y q, donde p y q no tienen divisores comunes excepto la unidad, entonces a es divisible por el producto pq.

Denotemos el cociente de dividir a entre p por Q; entonces:

$$a = pQ.$$

Dado que por condición a es divisible por q, de esta igualdad concluimos que pQ es divisible por q. Pero p no tiene divisores comunes con q excepto la unidad; por lo tanto, según el teorema, Q debe ser divisible por q. Sea el cociente de esta división Q_1; entonces

$Q = qQ_1$.

Insertando en la igualdad anterior, en lugar de Q, el producto igual a él, obtenemos $a = p(qQ_1) = (pq)Q_1$, de lo cual es evidente que el número a es el producto de dos factores: (pq) y Q_1; por lo tanto, a es divisible por pq.

Así: si un número es divisible por 2 y por 3, entonces es divisible por 6; si un número es divisible por 3 y por 4, entonces es divisible por 12; si es divisible por 3 y por 5, entonces es divisible por 15, y así sucesivamente.

Nota. Si los números p y q tienen un divisor común diferente de la unidad, entonces de la divisibilidad de algún número por p y por q aún no se sigue que este número sea divisible por el producto pq; así, el número 36 es divisible por 4 y por 6, pero no es divisible por el producto 4·6 (= 24).

II. DESCOMPOSICIÓN DE NÚMEROS EN FACTORES PRIMOS

§ 90. Números primos y números compuestos. Todo número, por supuesto, es divisible por la unidad y por sí mismo. Existen muchos números que son divisibles no solo por la unidad y por sí mismos, sino que tienen además otros divisores; por ejemplo, el número 30, además de la unidad y 30, tiene los divisores: 2, 3, 5, 6 y 15.

Todo número, excepto la unidad, que es divisible solo por la unidad y por sí mismo, se llama *primo* (o absolutamente primo, o primario).

Un número que es divisible no solo por la unidad y por sí mismo, sino también por otros números, se llama *compuesto* (o complejo).

El número 1 no se clasifica ni como primo ni como compuesto; ocupa una posición especial.

Hay 25 números primos menores que 100, a saber:

2, 3, 5, 7, 11, 13, 17, 19, 23, 29, 31, 37, 41,
43, 47, 53, 59, 61, 67, 71, 73, 79, 83, 89, 97.

Al final de este libro se incluye una tabla con todos los números primos menores que 6000.

§ 91. Descomposición de un número compuesto en factores primos. Todo número compuesto puede descomponerse en factores primos, es decir, representarse como un producto de números primos. Por ejemplo, descomponer 12 en factores primos significa representar este número así: $12 = 2 \cdot 2 \cdot 3$.

Supongamos que se requiere descomponer en factores primos algún número compuesto, por ejemplo 420. Para ello, encontramos (mediante los criterios de divisibilidad) el menor número primo que divide a 420; tal número es 2. Dividimos 420 entre 2:

$$420 : 2 = 210;$$

por lo tanto,

$$420 = 210 \cdot 2. \tag{1}$$

Ahora buscamos el menor número primo que divide al número compuesto 210; tal número es 2. Dividimos 210 entre 2:

$$210 : 2 = 105,$$

por lo tanto,

$$210 = 105 \cdot 2.$$

Reemplazamos en la igualdad (1) el número 210 por el producto igual a él:

$$420 = 105 \cdot 2 \cdot 2. \tag{2}$$

El menor número primo que divide al número compuesto 105 es 3. Dividimos 105 entre 3:

$$105 : 3 = 35,$$

por lo tanto,

$$105 = 35 \cdot 3.$$

Reemplazamos en la igualdad (2) el número 105 por el producto igual a él:

$$420 = 35 \cdot 3 \cdot 2 \cdot 2. \tag{3}$$

El menor número primo que divide al número compuesto 35 es 5; al dividir 35 entre 5, obtenemos 7; por lo tanto, $35 = 7 \cdot 5$. Reemplazando en la igualdad (3) el número 35 por el producto igual a él $7 \cdot 5$, obtenemos:

$$420 = 7 \cdot 5 \cdot 3 \cdot 2 \cdot 2.$$

Esta será la descomposición requerida, ya que ahora todos los factores son números primos.

Como el producto no cambia al alterar el orden de los factores, estos pueden escribirse en cualquier orden; usualmente se escriben de menor a mayor, es decir, así:

$$420 = 2 \cdot 2 \cdot 3 \cdot 5 \cdot 7.$$

La descomposición en factores primos se puede registrar más convenientemente así:

$$\begin{array}{r|l} 420 & 2 \\ 210 & 2 \\ 105 & 3 \\ 35 & 5 \\ 7 & 7 \\ 1 & \end{array}$$

Es decir, se escribe el número compuesto dado y se traza una línea vertical a su derecha. A la derecha de la línea se coloca el menor número primo que divide al número compuesto dado, y se divide este número por él. Las cifras del cociente se escriben debajo del dividendo. Se procede con este cociente de la misma manera que con el número dado. Las operaciones continúan hasta que en el cociente se obtiene la unidad. Entonces, todos los números a la derecha de la línea serán los factores primos del número dado.

En el ejemplo considerado, cada vez buscábamos el menor divisor primo del número obtenido; la mayoría de las veces, este es el método más conveniente de descomposición, porque cuanto menor es el número, más fácil es dividirlo; además, para la mayoría de los divisores pequeños existen criterios simples de divisibilidad. Sin embargo, este camino no es obligatorio, y a menudo la descomposición en factores primos puede realizarse más fácilmente en otro orden. Así, en nuestro mismo ejemplo, vemos inmediatamente que 420 es divisible por $10 = 2 \cdot 5$. Por lo tanto, realizando la descomposición (mentalmente),

$$\begin{array}{r|l} 42 & 2 \\ 21 & 3 \\ 7 & 7 \\ 1 & \end{array}$$

podemos escribir

$$420 = 10 \cdot 42 = 2 \cdot 5 \cdot 2 \cdot 3 \cdot 7 = 2 \cdot 2 \cdot 3 \cdot 5 \cdot 7.$$

Si, por ejemplo, se requiere descomponer el número 13 000 en factores, podemos notar inmediatamente que $13\,000 = 13 \cdot 1000$, y como 13 es un número primo, solo queda descomponer en factores primos el número

$$1000 = 10 \cdot 10 \cdot 10 = 2 \cdot 5 \cdot 2 \cdot 5 \cdot 2 \cdot 5,$$

y obtenemos inmediatamente:

$$13\,000 = 2 \cdot 2 \cdot 2 \cdot 5 \cdot 5 \cdot 5 \cdot 13.$$

Tomemos otro ejemplo. Descompongamos 8874 en factores primos:

$$\begin{array}{r|l} 8874 & 2 \\ 4437 & 3 \\ 1479 & 3 \\ 493 & 17 \\ 29 & 29 \\ 1 & \end{array}$$

Al llegar al cociente 493, nos resulta difícil decidir por qué número es divisible. En tales casos, recurrimos a la tabla de números primos (al final de este libro). Si en ella aparece el número que nos causa dificultad, entonces es divisible solo por sí mismo. El número 493 no está en la tabla de números primos; por lo tanto, este número es compuesto, y entonces intentamos dividirlo por los números primos: 7, 11, 13, etc., hasta llegar a una división sin residuo. Resulta que 493 es divisible por 17, obteniendo como cociente 29. Ahora podemos terminar la descomposición.

De este ejemplo se ve que a veces es muy difícil realizar la descomposición de un número compuesto, ya que durante la descomposición podemos encontrarnos con un número grande, sobre el cual es difícil determinar si es primo o compuesto; y si es compuesto, no siempre es fácil encontrar su menor divisor primo.

§ 92. Potenciación. Al descomponer números en factores, así como en muchos otros casos, a menudo es necesario escribir varios factores idénticos seguidos, por ejemplo $2 \cdot 2 \cdot 2 \cdot 2$ o $5 \cdot 5 \cdot 5$. Así como para la suma de sumandos iguales introdujimos un nombre especial (multiplicación) y una notación especial ($2 \cdot 4$ en lugar de $2 + 2 + 2 + 2$), también para la multiplicación de factores iguales es útil introducir un nombre especial y una notación especial.

El producto de factores idénticos se llama *potencia*. Así, $2 \cdot 2 \cdot 2 \cdot 2$ es 2 a la cuarta potencia. Esto se escribe así:

$$2 \cdot 2 \cdot 2 \cdot 2 = 2^4;$$

donde el número 2 se llama *base* de la potencia, y el número 4 se llama *exponente*. La operación misma se llama *elevar* el número 2 a la cuarta potencia. Del mismo modo,

$$5 \cdot 5 \cdot 5 = 5^3$$

se lee: 5 a la tercera potencia; aquí 5 es la base, y 3 es el exponente.

La segunda potencia se llama brevemente *cuadrado* de la base dada, y la tercera potencia se llama *cubo*. Así, 7^2 se lee "7 al cuadrado", y 5^3 — "5 al cubo". La primera potencia de un número es el número mismo: $3^1 = 3$. Con la notación introducida, la descomposición de números en factores primos a menudo puede escribirse más brevemente; así, en los ejemplos considerados en § 91, podemos escribir:

$$420 = 2^2 \cdot 3 \cdot 5 \cdot 7,$$
$$13\,000 = 2^3 \cdot 5^3 \cdot 13.$$

A veces, esta abreviación puede ser muy notable; por ejemplo, $1536 = 2 \cdot 2 \cdot 2 \cdot 2 \cdot 2 \cdot 2 \cdot 2 \cdot 2 \cdot 2 \cdot 3 = 2^9 \cdot 3$.

§ 93. Un número compuesto se descompone en una sola serie de factores primos. Es fácil demostrar que, mediante el método descrito en § 91, párrafo 6, todo número compuesto puede descomponerse en factores primos. Pero, al aplicar este método, no necesariamente debemos seguir el orden indicado, es decir, podemos comenzar la descomposición no con el menor número primo que divide al número compuesto, sino realizarla en alguna otra secuencia (e incluso podemos, como hemos visto, descomponer primero el número compuesto en factores compuestos, y luego descomponer estos factores en primos). Por lo tanto, surge la pregunta: ¿no podría ocurrir que para un mismo número compuesto se obtuvieran dos (o más) series diferentes de factores primos que difirieran entre sí ya sea por los factores mismos, o por el número de repeticiones de los mismos factores? Por ejemplo, el número 14 000 tiene la descomposición $2^4 \cdot 5^3 \cdot 7$; ¿no podría tener otra descomposición en la que apareciera algún otro factor primo aparte de 2, 5 y 7, o en la que estos factores se repitieran un número diferente de veces que en la descomposición $2^4 \cdot 5^3 \cdot 7$? Se ha demostrado que esto no puede ser, es decir, que un número compuesto, por más que lo descompongamos, da solo una serie de factores primos (que, por supuesto, pueden permutarse).

Demostración de la posibilidad y unicidad de la descomposición de números en factores primos. Para demostrar rigurosamente que todo número (excepto la unidad) puede descomponerse, y además de una única manera, en factores primos, demostraremos primero los siguientes dos teoremas.

Teorema 1. Todo número, excepto la unidad, tiene al menos un divisor primo.

Demostración. Sea $a \neq 1$; si a es un número primo, entonces él mismo será su propio divisor primo, y el teorema queda demostrado; pero si a es un número compuesto, entonces tiene divisores distintos de a y de la unidad; sea b el menor de estos divisores; entonces b no puede ser un número compuesto, ya que, si fuera divisible por un número c distinto de la unidad y de sí mismo, entonces el número a también sería divisible por este número c, y por lo tanto b no sería el menor divisor del número a. Por lo tanto, b es un número primo, y como es un divisor del número a, el teorema queda demostrado.

Teorema 2. El producto de varios factores $a_1a_2a_3\ldots a_n$ puede ser divisible por un número primo p solo cuando al menos uno de los factores es divisible por p.

Demostración. Considerando el producto dado como el producto de solo dos factores: a_1 y $(a_2a_3\ldots a_n)$, podemos razonar así: si a_1 no es divisible por el número primo p, entonces esto significa que a_1 no tiene divisores comunes con p aparte de la unidad; en tal caso, según el teorema demostrado en § 88, el número $(a_2a_3\ldots a_n)$ debe ser divisible por p. De manera similar, nos convenceremos de que si a_2 no es divisible por p, entonces el número $(a_3a_4\ldots a_n)$ debe ser divisible por p. Continuando estos razonamientos, encontraremos que si ninguno de los números $a_1, a_2, a_3, \ldots, a_{n-1}$ es divisible por p, entonces a_n es divisible por p. Por lo tanto, alguno de los números $a_1, a_2, a_3, \ldots, a_n$ es divisible por p.

Para demostrar ahora la posibilidad de descomponer cualquier número, excepto la unidad, en factores primos, procedemos así. Sea $a \neq 1$; si a es un número primo, entonces la afirmación queda demostrada; pero si a es un número compuesto, entonces por el Teorema 1 tiene un divisor primo p_1; sea

$$a = p_1a_1;$$

si a_1 es un número primo, entonces el teorema queda demostrado; pero si es compuesto, entonces por el Teorema 1 tiene un divisor primo p_2;

sea

$$a_1 = p_2a_2,$$

de modo que

$$a = p_1p_2a_2;$$

si a_2 es un número primo, entonces el teorema queda demostrado; si es compuesto, continuamos razonando de la manera indicada. Como $a > a_1, a_1 > a_2$, etc., nuestra descomposición debe terminar tarde o temprano; pero solo puede terminar cuando algún a_n resulte ser un número primo (si es compuesto, podemos continuar la descomposición); por lo tanto, la descomposición

$$a = p_1 p_2 \dots p_{n-1} a_n$$

es una descomposición del número a en factores primos, cuya posibilidad queda así demostrada.

Para demostrar la unicidad de la descomposición, razonaremos así:

supongamos que para algún número tenemos dos descomposiciones en factores primos (iguales o diferentes):

$$abc\dots \text{ y } a_1 b_1 c_1 \dots,$$

entonces

$$abc\cdots = a_1 b_1 c_1 \dots.$$

El lado izquierdo de la última igualdad es divisible por a; por lo tanto, el lado derecho también debe ser divisible por a. Pero a es un número primo, por lo que el producto $a_1 b_1 c_1 \dots$ solo será divisible por a cuando uno de sus factores sea divisible por a (Teorema 2); pero un número primo puede ser divisible por otro número primo, distinto de la unidad, solo cuando estos números primos son iguales. Por lo tanto, uno de los números $a_1, b_1, c_1 \dots$ es igual a a. Sea $a_1 = a$. Dividiendo ambos lados de la igualdad por a, obtenemos

$$bc\cdots = b_1 c_1 \dots.$$

De manera similar al caso anterior, nos convenceremos de que uno de los factores $b_1, c_1 \dots$ es igual a b. Sea $b_1 = b$; entonces $cd\cdots = c_1 d_1 \dots$. Continuando estos razonamientos, veremos que todos los factores de la primera serie también están en la segunda serie. Dividiendo ambos lados de la igualdad por a_1, nos convenceremos de que en la primera serie hay un factor a_1. Así, de manera similar al caso anterior, encontraremos que todos los factores de la segunda serie también están en la primera serie. De esto se sigue que ambas series solo pueden diferir en el orden de los factores, y no en los factores mismos; en otras palabras, que estas dos series representan una misma serie. Es decir, todo número (excepto la unidad) puede descomponerse en factores primos, y además de una única manera.

§ 94. Algunos datos sobre números primos. Es fácil convencerse de que existe una infinidad de números primos. En efecto, supongamos lo contrario, es decir, que hay una cantidad finita de números primos. En tal caso, debe existir un número primo mayor.

la composición de tal serie se debe al matemático alejandrino Eratóstenes (que vivió en el siglo III a.C.). El método de Eratóstenes consiste en que, de la serie de números naturales desde 2 hasta a (el número con el que se desea limitar la serie), primero se excluyen todos los números divisibles por 2 (excepto el 2), luego todos los números divisibles por 3 (excepto el 3), después todos los números divisibles por 5, por 7, por 11 (excepto estos mismos números), y así sucesivamente. Esto se hace de manera muy sencilla: escribiendo la serie de números impares desde 3 hasta a, se tacha en ella cada tercer número después del 3, cada quinto número después del 5, cada séptimo número después del 7, etc.

En la actualidad existen tablas de todos los números primos consecutivos menores que 9 000 000.

Si no se tiene a mano una serie escrita de números primos, o si el número dado N excede al mayor número de la serie escrita, surge la pregunta: ¿cómo saber si N será un número primo o compuesto? El método más simple para esto consiste en lo siguiente. Hallando primero $\sqrt{N}$, se escriben todos los números primos menores que esta raíz. Sean estos números:

$$2, 3, 5, 7, \ldots, a.$$

Si N no es divisible por ninguno de estos números, se puede afirmar, sin realizar más divisiones, que N es un número primo. En efecto, como $N = \sqrt{N} \cdot \sqrt{N}$, es evidente que al dividir N por números mayores que $\sqrt{N}$, deben obtenerse cocientes menores que $\sqrt{N}$; por lo tanto, si el número N pudiera dividirse por algún número mayor que $\sqrt{N}$, también se dividiría por un número menor que $\sqrt{N}$. Cuando N es grande, este método puede resultar muy tedioso; así, si $N > 1\,000\,000$, entonces $\sqrt{N} > 1\,000$, y hay 168 números primos menores que 1000; por consiguiente, para probar tal número a veces se requerirían hasta 168 divisiones.[9] En la teoría de números se indican métodos mediante los cuales se puede reducir significativamente el número de divisiones necesarias para probar un número dado; pero incluso así, la cuestión de determinar si un número dado es primo o compuesto sigue presentando, hasta el día de hoy, enormes dificultades en algunos casos.

III. Búsqueda de divisores de un número compuesto

§ 95. Qué es un «divisor» de un número. Recordemos que se llama divisor de un número dado a aquel número por el cual el número dado es divisible.

Todo número primo, por ejemplo el número 11, tiene solo dos divisores: la unidad y él mismo.

Todo número compuesto tiene más de dos divisores; por ejemplo, el número 6 tiene 4 divisores: 1, 2, 3 y 6; de ellos, 2 y 3 son primos, mientras que 6 es compuesto.

[9] La fuente congelada indica aquí 108 números primos menores que 1000, pero el conteo matemático verificado es 168. Esta edición conserva la corrección coherente y hace visible la discrepancia de la fuente.

§ 96. Búsqueda de los divisores de un número dado. Supongamos que se requiere hallar los divisores del número 420. Para ello, descomponemos este número en sus factores primos:

$$420 = 2 \cdot 2 \cdot 3 \cdot 5 \cdot 7.$$

Es evidente que 420 es divisible por cada uno de estos factores; fácilmente se ve que 420 también es divisible por el producto de dos, tres o más de sus factores. Por ejemplo, 420 es divisible por el producto $3 \cdot 7$, es decir, por 21, ya que, al reordenar los factores 3 y 7 al inicio de la serie, obtenemos:

$$420 = 3 \cdot 7 \cdot 2 \cdot 2 \cdot 5 = 21 \cdot 2 \cdot 2 \cdot 5,$$

de donde se ve que 420 es divisible por 21.

Regla. Para encontrar los divisores de un número compuesto dado, primero se descompone en sus factores primos; cada uno de estos factores será un divisor primo del número dado; y multiplicando los factores primos de dos en dos, de tres en tres, de cuatro en cuatro, etc., se obtendrán los divisores compuestos del número dado.

Observación. Para hallar el cociente de dividir un número compuesto por cualquiera de sus divisores, basta con descartar de la descomposición de este número en factores primos aquellos factores cuyo producto constituye el divisor dado, y multiplicar entre sí los factores restantes.

Por ejemplo, para hallar el cociente de dividir 420 entre 21, de la descomposición $420 = 2 \cdot 2 \cdot 3 \cdot 5 \cdot 7$ se descartan los factores 3 y 7, cuyo producto es 21, y se multiplican los factores restantes (obteniendo 20).

Mediante esta regla se pueden obtener todos los divisores de un número dado. En efecto, supongamos que el número a tiene un divisor b, y sea c el cociente de dividir a entre b, de modo que

$$a = bc.$$

Si descomponemos b y c en factores primos e insertamos estas descomposiciones en la igualdad escrita, obtendremos, evidentemente, la descomposición del número a en factores primos, donde el número b se obtendrá como el producto de una parte de estos factores. Así, cualquier divisor de un número dado puede, en efecto, obtenerse mediante la regla indicada anteriormente.

IV. Máximo común divisor de varios números

§ 97. Qué es el máximo común divisor. El máximo común divisor de varios números es el número más grande por el cual todos estos números son divisibles.

Por ejemplo, el máximo común divisor de los tres números 18, 30 y 24 es 6, porque 6 es el número más grande por el cual todos estos números son divisibles.

Dos números para los cuales el máximo común divisor es la unidad se llaman relativamente primos (o mutuamente primos). Tales son, por ejemplo, los números 14 y 15.

Indicaremos dos métodos para encontrar el máximo común divisor de varios números.

§ 98. Primer método: mediante la descomposición en factores primos. Supongamos que se requiere encontrar el máximo común divisor de los dos números 180 y 126. Para ello, primero descompongamos estos números en factores primos:

$$180 = 2 \cdot 2 \cdot 3 \cdot 3 \cdot 5, \qquad 126 = 2 \cdot 3 \cdot 3 \cdot 7.$$

Comparando los factores de estos números entre sí, observamos que entre ellos hay comunes, a saber: 2, 3, 3. Cada uno de estos factores comunes será también un divisor común de 180 y 126. Para obtener divisores comunes compuestos, se deben multiplicar los factores comunes de dos en dos y de tres en tres. El máximo común divisor, evidentemente, se obtendrá si multiplicamos todos los factores comunes.

$$2 \cdot 3 \cdot 3 = 18.$$

Supongamos además que se requiere encontrar el máximo común divisor de los tres números: 210, 1260 y 245. Descompongamos estos números en factores primos:

$$\begin{array}{r|l} 210 & 2 \\ 105 & 3 \\ 35 & 5 \\ 7 & 7 \\ 1 & \end{array} \qquad \begin{array}{r|l} 1260 & 2 \\ 630 & 2 \\ 315 & 3 \\ 105 & 3 \\ 35 & 5 \\ 7 & 7 \\ 1 & \end{array} \qquad \begin{array}{r|l} 245 & 5 \\ 49 & 7 \\ 7 & 7 \\ 1 & \end{array}$$

Ahora vemos que el máximo común divisor de estos números es igual al producto de los factores comunes 5 y 7, es decir, igual a 35.

De manera similar se puede encontrar el máximo común divisor de cuatro, cinco o más números dados.

Regla. Para encontrar el máximo común divisor de varios números, basta descomponerlos en factores primos y multiplicar entre sí aquellos factores que sean comunes a todos los números.

Nota. Al hacer esto, se debe recordar que si algún factor primo aparece varias veces en la descomposición de todos los números, entonces debe aparecer el mismo número de veces en el máximo común divisor.

Utilizando la notación de potencias introducida en § 92, podemos escribir la descomposición en factores primos de los números dados en el primer ejemplo considerado de la siguiente manera:

$$180 = 2^2 \cdot 3^2 \cdot 5, \quad 126 = 2 \cdot 3^2 \cdot 7;$$

en el máximo común divisor de los números dados, los factores 5 y 7 no entrarán en absoluto, ya que 5 no está en el segundo número y 7 no está en el primer número. El factor 2 entrará una vez, ya que en la descomposición del segundo número aparece solo una vez. El factor 3, sin embargo, entrará en el máximo común divisor dos veces (es decir, en la segunda potencia), ya que en ambos números dados aparece en la segunda potencia; así, el máximo común divisor de los números dados es

$$2 \cdot 3^2 = 18.$$

De esta manera, la regla indicada anteriormente se puede expresar también así: para encontrar el máximo común divisor de varios números, se descomponen estos números en factores primos y se toma el producto de las potencias de los diferentes factores primos que entran en la composición de todos los números dados, tomando cada factor con el menor exponente con el que aparece en la composición de los números dados.

Ejemplo: el máximo común divisor de los números

$$9000 = 2^3 \cdot 3^2 \cdot 5^3$$
$$1350 = 2 \cdot 3^3 \cdot 5^2$$

es igual a $2 \cdot 3^2 \cdot 5^2 = 450$.

§ 99. Segundo método: mediante la división sucesiva. Primero explicaremos este método aplicado solo a dos números dados, y luego aplicado a tres, cuatro o más números.

Este método se basa en las siguientes dos proposiciones:

I. Si el mayor de dos números dados es divisible por el menor, entonces el menor es su máximo común divisor.

Por ejemplo, tomemos los dos números 54 y 18, de los cuales el mayor es divisible por el menor. Como 54 es divisible por 18 y 18 es divisible por 18, entonces 18 es un divisor común de 54 y 18. Este divisor es al mismo tiempo el mayor, porque 18 no puede ser divisible por ningún número mayor que 18.

II. Si el mayor de los números dados no es divisible por el menor, entonces su máximo común divisor es igual al máximo común divisor de otros dos números, a saber, el menor de los números dados y el resto de dividir el mayor de ellos por el menor.

Sea, por ejemplo, dos números dados: 85 y 30, de los cuales el mayor no es divisible por el menor. Dividiendo el primero por el segundo, obtenemos: $85 : 30 = 2$ (resto 25); entonces el máximo común divisor de los números 85 y 30 debe ser también el máximo común divisor de otros dos números, a saber: 30 y 25 (este es 5).

En efecto, de la división encontramos:

$$85 = 30 \cdot 2 + 25; \quad \text{de donde} \quad 25 = 85 - 30 \cdot 2.$$

De estas igualdades, basándonos en las propiedades de la suma y la diferencia que conocemos (§ 82), podemos sacar las siguientes dos conclusiones:

1) todo divisor común de los números 30 y 25 debe ser también un divisor del número 85;

2) todo divisor común de los números 85 y 30 debe ser también un divisor del resto 25.

Resulta, así, que los dos pares de números:

$$\overbrace{85 \text{ y } 30} \quad \overbrace{30 \text{ y } 25}$$

deben tener los mismos divisores comunes; por lo tanto, su máximo común divisor debe ser el mismo.

Veamos ahora cómo se pueden usar estas reglas para encontrar el máximo común divisor de dos números.

Supongamos que se requiere encontrar el máximo común divisor de los números 391 y 299.

$$\begin{array}{lll}
 & & 391\,|\,\underline{299} \\
 & & \underline{299}\quad\; 1 \\
 & 299\,|\,\underline{92} & \\
 & \underline{276}\quad 3 & \\
92\,|\,\mathbf{23} & & \\
\underline{92}\quad 4 & & \\
0 & &
\end{array}$$

Dividimos 391 por 299 para ver si 299 podría ser el máximo común divisor (basándonos en la proposición I). Vemos que 391 no es divisible por 299 (se obtiene un resto de 92), por lo tanto, 299 no es el máximo común divisor. Basándonos en la proposición II, afirmamos que el máximo común divisor de los números 391 y 299 es también el máximo común divisor de números menores, a saber: 299 y 92. Busquemos el máximo común divisor de estos números. Para ello, dividimos 299 por 92 para ver si 92 podría ser el máximo común divisor (proposición I). Vemos que 92 no es el máximo común divisor (se obtiene un resto de 23).

Ahora, nuevamente basándonos en la proposición II, afirmamos que el máximo común divisor de los números 299 y 92 es también el máximo común divisor de números menores, a saber, 92 y 23. Busquemos este divisor. Para ello, dividimos

92 por 23. Vemos que 23 es el máximo común divisor del par de números 92 y 23, por lo tanto, también del par de números 299 y 92, por lo tanto, también del par de números dados 391 y 299.

Regla. Para encontrar el máximo común divisor de dos números, se divide el mayor de ellos por el menor, luego el menor por el primer resto, luego el primer resto por el segundo, el segundo por el tercero, y así sucesivamente, hasta obtener un resto de cero; entonces el último divisor será el máximo común divisor de los números dados.

§ 100. Aplicación del segundo método a tres o más números. Supongamos ahora que se requiere encontrar el máximo común divisor de los tres números 78, 130 y 195. Para ello, primero encontramos el máximo común divisor de dos de ellos, por ejemplo 78 y 130:

$$\begin{array}{rrrl}
 & & 130\,| & \underline{78} \\
 & & \underline{78} & \;\;1 \\
 & 78\,| & \underline{52} & \\
 & \underline{52} & 1 & \\
52\,| & \mathbf{26} & & \\
\underline{52} & 2 & & \\
0 & & &
\end{array}$$

El máximo común divisor de estos números resulta ser igual a 26. Ahora buscamos el máximo común divisor del número 26 y el tercer número dado 195:

$$\begin{array}{rrl}
 & 195\,| & \underline{26} \\
 & \underline{182} & \;\;7 \\
26\,| & \mathbf{13} & \\
\underline{26} & 2 & \\
0 & &
\end{array}$$

El número 13 así obtenido es el máximo común divisor de los tres números dados. Para explicar por qué debe ser así, imaginemos que los números dados están descompuestos en factores primos y que buscamos el máximo común divisor por el primer método. Entonces, el número 26, siendo el máximo común divisor de 130 y 78, debe contener todos los factores primos comunes a estos números; el número 13, siendo el máximo común divisor de 26 y 195, debe contener todos los factores primos comunes a estos números. Por lo tanto, el número 13 contiene todos los factores primos comunes a los tres números: 130, 78 y 195; por lo tanto, 13 es el máximo común divisor de estos números.

V. Mínimo común múltiplo de varios números

Si, además de los tres números indicados, hubiera un cuarto número dado, entonces se tendría que encontrar de la misma manera el máximo común divisor de 13 y este cuarto número, y así sucesivamente.

Regla. Para encontrar por el método de división sucesiva el máximo común divisor de tres o más números, primero se encuentra el máximo común divisor de dos cualesquiera de ellos, luego el máximo común divisor del divisor encontrado y algún tercer número dado, después el máximo común divisor del último divisor y un cuarto número dado, y así sucesivamente.

§ 101. Qué es el mínimo común múltiplo. El mínimo común múltiplo de varios números dados es el número más pequeño que es divisible por cada uno de estos números.

Así, para los tres números: 6, 15 y 20, el mínimo común múltiplo es 60, ya que ningún número menor que 60 es divisible por 6, por 15 y por 20, mientras que 60 es divisible por estos números.

Indicaremos dos métodos para encontrar el mínimo común múltiplo de varios números.

§ 102. Primer método: mediante la descomposición en factores primos. Supongamos que se requiere encontrar el mínimo común múltiplo de los números: 100, 40 y 35. Para ello, descompongamos cada uno de estos números en factores primos:

$$100 = 2 \cdot 2 \cdot 5 \cdot 5; \quad 40 = 2 \cdot 2 \cdot 2 \cdot 5; \quad 35 = 5 \cdot 7.$$

Para que un número sea divisible por 100, por 40 y por 35, es necesario y suficiente que contenga todos los factores primos de estos divisores. Escribamos todos los factores del número 100 y agreguemos a ellos los factores del número 40 que faltan en la descomposición de 100. Entonces obtenemos el producto $2 \cdot 2 \cdot 5 \cdot 5 \cdot 2$, que es divisible tanto por 100 como por 40. Ahora agreguemos a este producto los factores del número 35 que faltan en el producto. Entonces obtenemos el producto:

$$2 \cdot 2 \cdot 5 \cdot 5 \cdot 2 \cdot 7 = 1\,400,$$

que es divisible por 100, por 40 y por 35. Este es el mínimo común múltiplo de estos números, porque si eliminamos de él incluso un solo factor, obtendremos un número que no será divisible por alguno de los números dados.

Observemos que en el ejemplo considerado, al agregar a los factores primos del número 100 los factores del número 40 que faltan en él, agregamos el factor 2. Aunque el 2 está presente en la descomposición del número 100, este factor aparece allí solo 2 veces, mientras que en la descomposición del número 40 lo vemos 3 veces; por lo tanto, tuvimos que considerarlo "faltante" en la descomposición del número 100.

Regla. Para encontrar el mínimo común múltiplo de varios números dados, se descomponen todos estos números en factores primos; luego, tomando la descomposición de uno de ellos, se le agregan los factores primos faltantes de la descomposición de otro número; a este producto se le agregan los factores primos faltantes de la descomposición del tercer número, y así sucesivamente hasta el último. El producto obtenido de esta manera será el mínimo común múltiplo de los números dados.

Utilizando la notación de potencias introducida en § 92, podemos escribir la descomposición de los números en nuestro ejemplo de la siguiente manera:

$$100 = 2^2 \cdot 5^2; \quad 40 = 2^3 \cdot 5; \quad 35 = 5 \cdot 7.$$

Es evidente que el mínimo común múltiplo de los números dados debe contener los factores 2, 5 y 7; además, el factor 2 debe estar elevado a la tercera potencia, ya que con un exponente menor el número obtenido no podría ser divisible por 40; el factor 5 debe estar elevado a la segunda potencia, ya que de lo contrario el número obtenido no sería divisible por 100; finalmente, el factor 7 basta tomarlo en la primera potencia. Así, el mínimo común múltiplo buscado es

$$2^3 \cdot 5^2 \cdot 7 = 1\,400.$$

Por lo tanto, la regla indicada también se puede expresar de la siguiente manera: para encontrar el mínimo común múltiplo de varios números, se descomponen en factores primos y se forma el producto de las potencias de todos los factores primos distintos que aparecen en la descomposición de los números dados, tomando cada factor con el mayor exponente con el que aparece en estas descomposiciones.

§ 103. Algunos casos especiales. Consideremos dos casos en los que el mínimo común múltiplo puede encontrarse de manera muy sencilla.

Primer caso, cuando ninguna pareja de los números dados tiene factores comunes. Supongamos, por ejemplo, que se dan tres números: 20, 49, 33, de los cuales, como se ve en las descomposiciones:

$$20 = 2 \cdot 2 \cdot 5, \quad 49 = 7 \cdot 7, \quad 33 = 3 \cdot 11,$$

ninguna pareja tiene factores comunes. Aplicando la regla general a este caso, llegamos a la conclusión de que todos los números dados deben multiplicarse:

$$2 \cdot 2 \cdot 5 \cdot 7 \cdot 7 \cdot 3 \cdot 11 = 20 \cdot 49 \cdot 33 = 32\,340.$$

Así, en particular, se debe proceder cuando se busca el mínimo común múltiplo de números primos distintos entre sí; por ejemplo, el mínimo común múltiplo de los números 3, 7 y 11 es $3 \cdot 7 \cdot 11 = 231$.

Segundo caso, cuando el mayor de los números dados es divisible por todos los demás. Entonces, el número mayor es el mínimo común múltiplo. Supongamos, por ejemplo, que se dan cuatro números: 5, 12, 15 y 60, de los cuales el mayor, 60, es divisible por 5, por 12 y por 15; como también es divisible por sí mismo, es el mínimo común múltiplo.

§ 104. Segundo método: mediante la búsqueda del máximo común divisor. Supongamos que se requiere encontrar el mínimo común múltiplo de los números 336 y 1260. Descomponiendo estos números en factores primos, encontramos $336 = 2^4 \cdot 3 \cdot 7$ y $1260 = 2^2 \cdot 3^2 \cdot 5 \cdot 7$. El producto de los números dados es igual a

$$336 \cdot 1260 = (2^4 \cdot 3 \cdot 7) \cdot (2^2 \cdot 3^2 \cdot 5 \cdot 7). \qquad (1)$$

Recordemos ahora cómo se forman el máximo común divisor y el mínimo común múltiplo de dos números dados. Cada número primo que aparece en la descomposición de los números dados en factores entrará en el máximo común divisor con el menor de los dos exponentes con los que aparece, y en el mínimo común múltiplo con el mayor de estos dos exponentes.

Así, en el máximo común divisor entrará 2^2, y en el mínimo común múltiplo 2^4; en el máximo común divisor entrará 3, y en el mínimo común múltiplo 3^2; el factor 5, que aparece en la descomposición de solo uno de los dos números dados, entrará en su mínimo común múltiplo, pero no en el máximo común divisor; finalmente, el factor 7, que aparece en cada uno de los números dados con exponente 1, entrará con este exponente tanto en el máximo común divisor como en el mínimo común múltiplo.

Así, el máximo común divisor de los números dados es $2^2 \cdot 3 \cdot 7 = 84$, y su mínimo común múltiplo es $2^4 \cdot 3^2 \cdot 5 \cdot 7 = 5040$. Vemos que todos los factores de los números dados, que están en el lado derecho de la igualdad (1), se han distribuido: parte de ellos entró en el máximo común divisor, y el resto entró en el mínimo común múltiplo. Por lo tanto, el producto de los números dados

$$336 \cdot 1260$$

es igual al producto de su máximo común divisor 84 por su mínimo común múltiplo 5040. De aquí obtenemos:

Regla. El mínimo común múltiplo de dos números es igual al producto de estos números, dividido por su máximo común divisor.

Habiendo notado esto, podemos encontrar el mínimo común múltiplo de dos números incluso sin descomponer estos números en factores primos. De hecho, el máximo común divisor de los números dados puede encontrarse por el método de división sucesiva. Después de encontrar el máximo común divisor, el mínimo común múltiplo de los números dados se encuentra fácilmente por la regla recién expuesta.

§ 105. El caso de tres o más números. Supongamos que se requiere encontrar el mínimo común múltiplo de tres números: 336, 1260 y 350. Primero encontramos el mínimo común múltiplo de los números 336 y 1260; es igual a 5040, como vimos en § 104. Ahora encontramos el mínimo común múltiplo del número 5040 y el tercer número dado 350. El máximo común divisor de estos números se encuentra fácilmente (por ejemplo, por el método de división sucesiva); es igual a 70. Por lo tanto, el mínimo común múltiplo de los números 5040 y 350 es, según la regla de § 104:

$$\frac{5040 \cdot 350}{70} = 25\,200.$$

Este número será el mínimo común múltiplo de los tres números dados.

De manera similar, se puede encontrar el mínimo común múltiplo de cuatro, cinco o más números.

Regla. Para encontrar el mínimo común múltiplo de tres o más números, primero se encuentra el mínimo común múltiplo de dos cualesquiera de ellos, luego el mínimo común múltiplo de este mínimo múltiplo y algún tercer número dado, después el mínimo común múltiplo de este mínimo común múltiplo y el cuarto número dado, y así sucesivamente.

Sección III
MEDICIÓN DE MAGNITUDES. SISTEMA MÉTRICO DE MEDIDAS

§ 106. Introducción. Hasta ahora hemos tratado únicamente con números enteros. Históricamente, la base para la introducción de los números enteros fue, ante todo, la necesidad de contar; y los números enteros satisfacen plenamente estas necesidades. Pero la actividad humana, ya en la antigüedad, creó necesidades para las cuales los números enteros resultaron insuficientes. Surgió la necesidad de introducir nuevos números, y la aritmética tuvo que ocuparse del estudio de las propiedades de estos números y de las operaciones con ellos.

Uno de los principales tipos de práctica humana que llevó a la necesidad de considerar clases más amplias de números es la medición de magnitudes. Por lo tanto, antes de proceder al estudio de estos números, debemos detenernos en la cuestión de qué es la medición de magnitudes y en los conceptos más importantes relacionados con este proceso.

§ 107. Medición de magnitudes. Supongamos que deseamos formarnos una idea precisa de la longitud de una habitación; entonces medimos esta longitud utilizando otra longitud que nos es bien conocida, por ejemplo, el metro. Para ello, colocamos el metro a lo largo de la habitación tantas veces como sea posible. Si cabe exactamente 10 veces, entonces la longitud de la habitación es igual a 10 metros. De manera similar, para medir el peso de un objeto, tomamos otro peso que nos es bien conocido, por ejemplo, el gramo, y determinamos (con la ayuda de una balanza) cuántas veces el gramo está contenido en el peso que se está midiendo. Supongamos que está contenido exactamente 5 veces; entonces el peso del objeto es igual a 5 gramos.

La magnitud conocida que se utiliza para medir otras se llama unidad de magnitud de ese tipo. Así, el metro es una unidad de longitud, el gramo es una unidad de peso, etc. Para cada tipo de magnitud, generalmente se eligen varias unidades, unas más grandes y otras más pequeñas. Así, para medir el peso, además del gramo, se utilizan: el kilogramo, la tonelada, el miligramo, etc.

Medir una magnitud significa encontrar cuántas veces otra magnitud del mismo tipo, tomada como unidad, está contenida en ella.

§ 108. Medidas. En cada estado, el gobierno ha establecido unidades definidas para las principales magnitudes. Se han creado unidades patrón: el metro patrón, el kilogramo patrón, etc., según los cuales se preparan las unidades para uso cotidiano. Las unidades que han entrado en uso se llaman medidas.

Las medidas se llaman homogéneas si sirven para medir magnitudes del mismo tipo. Así, el gramo y el kilogramo son medidas homogéneas, ya que sirven para medir el peso.

La relación entre dos medidas homogéneas es el número que indica cuántas veces la medida menor está contenida en la mayor. Así, la relación entre el metro y el centímetro es el número 100.

§ 109. Sistema métrico de medidas. En la actualidad, entre nosotros se ha introducido el sistema métrico de medidas, adoptado también en muchos otros países.

La unidad de longitud en este sistema es el metro.

El prototipo internacional del metro fue reconocido por la Primera Conferencia General de Pesas y Medidas en 1889 como la barra de platino-iridio con marcas, que se conserva en la Oficina Internacional de Pesas y Medidas en Sèvres (Francia).

En Rusia, se ha adoptado como prototipo del metro una copia del metro internacional de platino-iridio, que se conserva en San Petersburgo.

El metro se divide en 10 partes iguales; la décima parte del metro se divide a su vez en 10 partes iguales, la centésima parte del metro, a su vez, en 10 partes iguales, y así sucesivamente. Por otro lado, se utilizan medidas de 10 metros, 100 metros, etc. Para nombrar las subdivisiones decimales del metro, se añaden al término «metro» las palabras latinas: «deci» (para denotar una décima parte), «centi» (una centésima parte), «milli» (una milésima parte); así, decímetro significa una décima parte del metro, centímetro significa una centésima parte del metro, milímetro significa una milésima parte del metro.

Sin embargo, la palabra «centímetro» se reemplaza más a menudo por la palabra francesa «centimètre».

Figura 1

La Figura 1 muestra 1 decímetro, dividido en centímetros y milímetros (en tamaño natural).

Las medidas que son múltiplos del metro se nombran con la ayuda de palabras griegas: deca (10), hecto (100), kilo (1000): así, decámetro significa 10 metros, hectómetro significa 100 metros, kilómetro significa 1000 metros.

Los nombres de las medidas métricas se suelen denotar abreviadamente de la siguiente manera:

Medidas métricas	Rusas (trans.)	Latinas
metro	m	m
decímetro	dm	dm
centímetro	sm	cm
milímetro	mm	mm
kilómetro	km	km

Para medir áreas se utilizan medidas cuadradas: el metro cuadrado, es decir, el área de un cuadrado cuyo lado tiene una longitud de 1 m, el decámetro cuadrado, etc. Cada una de estas medidas contiene 100 medidas del siguiente orden inferior; así, el decímetro cuadrado contiene 100 centímetros cuadrados. Para medir el área de campos se utilizan el área (a) y la hectárea (ha). El área es un decámetro cuadrado; la hectárea equivale a 100 áreas y es, por tanto, un hectómetro cuadrado.

Para medir volúmenes se utilizan medidas cúbicas: el metro cúbico, es decir, el volumen de un cubo cuya arista tiene una longitud de 1 m, el decímetro cúbico, etc. Cada una de estas medidas contiene 1000 medidas del siguiente orden inferior; así, el metro cúbico contiene 1000 decímetros cúbicos.

La unidad de peso es el gramo (g). El gramo es aproximadamente igual al peso de un centímetro cúbico de agua pura destilada a una temperatura de 4°C (o 3.2° Réaumur) en el vacío. El gramo se subdivide en decigramos, centigramos y miligramos; los pesos que son múltiplos del gramo se llaman: decagramo, hectogramo y kilogramo (a menudo llamado abreviadamente «kilo»; se denota kg).

También se utilizan las medidas: la tonelada, igual a 1000 kilogramos, y el quintal, igual a 100 kilogramos.

Para medir la capacidad de los recipientes (y los volúmenes de cuerpos líquidos y sólidos) se utiliza el litro (l).

El litro es un volumen aproximadamente igual a un decímetro cúbico. Más precisamente, el litro es el volumen de un kilogramo de agua a su máxima densidad y a presión atmosférica normal. También se utiliza el hectolitro, igual a 100 l.

También se utilizan el decilitro, el centilitro, el decalitro y el kilolitro.

§ 110. Ventajas del sistema métrico. El sistema métrico de medidas posee las siguientes tres ventajas importantes:

1) las medidas de diversas magnitudes están en una dependencia simple respecto a la medida fundamental, el metro; 2) la relación entre medidas de órdenes adyacentes es la misma para todos los órdenes y todas las magnitudes (excepto, por supuesto, las superficies y los volúmenes); 3) esta relación es igual a la base de nuestro sistema de numeración, por lo que las operaciones con números denominados se simplifican considerablemente.

§ 111. Medidas de tiempo. Hay dos medidas fundamentales de tiempo: el día y el año. El día representa (aproximadamente) el tiempo durante el cual la Tierra realiza una revolución completa alrededor de su eje; se divide en 24 horas, contadas ya sea de 1 a 24, o de 1 a 12 y luego nuevamente de 1 a 12. Se toma la medianoche como el comienzo del día. En la actualidad, en la práctica de los ferrocarriles, correos, telégrafos y radiodifusión, se acostumbra contar las horas de 0 a 24 (para evitar la adición innecesaria de las palabras: «después del mediodía», «después de la medianoche»). Así, en lugar de «2 de la tarde» se dice «14 horas», en lugar de «7 de la noche» se dice «19 horas». El día se subdivide de la siguiente manera:

día = 24 horas, hora = 60 minutos, minuto = 60 segundos.

El año representa (aproximadamente) el tiempo durante el cual la Tierra realiza una revolución completa alrededor del Sol. Se acostumbra contar cada 3 años sucesivos como 365 días, y el cuarto año siguiente como 366 días. Un año que contiene 366 días se llama año bisiesto, y los años que contienen 365 días se llaman años comunes. Se añade un día extra al cuarto año por la siguiente razón. El tiempo de la revolución de la Tierra alrededor del Sol contiene no exactamente 365 días, sino 365 días y 6 horas (aproximadamente). Así, un año común es más corto que el año verdadero en 6 horas, y 4 años comunes son más cortos que 4 años verdaderos en 24 horas, es decir, en un día. Por lo tanto, a cada cuarto año se añade un día (29 de febrero). En esto, se toman como años bisiestos aquellos años cuyos números son divisibles por 4 sin resto (por ejemplo, 1936, 1940, etc.).

El año se divide en 12 partes desiguales, llamadas meses. Aquí están los nombres de los meses en orden: enero (31 días), febrero (28 o 29), marzo (31), abril (30), mayo (31), junio (30), julio (31), agosto (31), septiembre (30), octubre (31), noviembre (30), diciembre (31).

El cómputo de los años según el cual 3 años se cuentan como 365 días, y el cuarto como 366, fue establecido por el dictador romano Julio César (en el año 46 a.C.) y por eso se llama calendario juliano, o estilo antiguo. Fue adoptado en Rusia antes de la revolución, pero después de la Gran Revolución Socialista de Octubre fue reemplazado por el estilo nuevo internacional, o calendario gregoriano (llamado así por el papa romano Gregorio XIII, quien introdujo este cómputo en 1582). Según este cómputo, la cuenta del tiempo en el siglo XX va 13 días adelantada respecto al estilo antiguo; así, cuando según el estilo antiguo es, digamos, 10 de diciembre, según el estilo nuevo se cuenta como 23 de diciembre. Por lo tanto, para pasar del estilo nuevo al antiguo, se deben contar 13 días hacia atrás desde la fecha del estilo nuevo. Por ejemplo, si teníamos el 5 de marzo de 1936, entonces según el estilo antiguo esto significaba el 21 de febrero del mismo año, ya que, habiendo contado hacia atrás los 5 días de marzo, debemos contar los 8 días restantes de febrero, y ese mes en 1936 tenía 29 días.

§ 112. Fundamentos del calendario gregoriano. El tiempo que transcurre desde un equinoccio de primavera hasta el siguiente equinoccio de primavera se llama año solar, o año trópico; el tiempo que se cuenta como un año según el cómputo civil se llama año civil. Dado que los cambios de las estaciones dependen de la posición de la Tierra respecto al Sol, el año solar representa ese intervalo de tiempo durante el cual se completan plenamente los cambios de las estaciones. Por lo tanto, es deseable que el año civil coincida lo más posible con el año solar; solo bajo esta condición las estaciones en diferentes épocas caerán en los mismos meses. El cómputo introducido por Julio César no logró esto plenamente. Según este cómputo, el año civil se toma como 365 días y 6 horas, mientras que el año solar contiene (aproximadamente) 365 días 5 horas 48 minutos 48 segundos, por lo que el año juliano es más largo que el año solar (aproximadamente) en 11 minutos 12 segundos, lo que en 400 años equivale a unos tres días. El cómputo juliano fue corregido por primera vez por el papa Gregorio XIII en 1582. Para ese año, la diferencia entre el cómputo civil del tiempo y el solar ascendía a 10 días, por lo que, por ejemplo, se contaba el 1 de septiembre cuando según el tiempo solar se debería haber contado el 11 de septiembre. Para igualar el tiempo civil con el solar, Gregorio propuso que en lugar del 5 de octubre de 1582 se contara el 15 de octubre. Pero dado que tal retraso estaba destinado a repetirse en el futuro, se estableció que en el futuro cada 400 años del cómputo civil se reducirían en tres días. Esta reducción debía llevarse a cabo de la siguiente manera. Según el cómputo juliano, aquellos años cuyos números representan centenas completas se cuentan como años bisiestos; por ejemplo, los años 1600, 1700, etc., deberían contarse según el cómputo juliano como 366 días. Pero Gregorio propuso que tales años se contaran como comunes, excepto aquellos en los que el número de centenas es divisible por 4. En consecuencia, según el cómputo gregoriano, el año 1600 debía contarse como bisiesto (16 es divisible por 4), mientras que 1700, 1800, 1900 se contaron como comunes, mientras que según el cómputo juliano todos estos 4 años se contaron como bisiestos. Así, cada 400 años se reducen en tres días. El cómputo establecido por Gregorio XIII se conoce con el nombre de calendario gregoriano. En la actualidad, está adoptado en casi toda Europa. El cómputo gregoriano se llama también estilo nuevo, y el juliano, estilo antiguo. Dado que en 1582 el estilo nuevo se adelantó al estilo antiguo en 10 días, y después en otros 3 días (en 1700, 1800, 1900), en la actualidad el estilo antiguo está retrasado respecto al nuevo en 13 días.

§ 113. Números denominados. Un número entero junto con la indicación del nombre de las unidades de las que está compuesto se llama número denominado. Así, 5 lápices, 3 metros, 37 gramos son números denominados. Si, sin embargo, no se indica el nombre de las unidades de las que está compuesto el número, entonces tal número se llama número abstracto. 5, 3, 37 son números abstractos.

A las palabras «número denominado» a veces se les da un significado más general. Supongamos que al medir el peso de un cuerpo encontramos que este peso es de 3 kg y además otros 350 g; entonces el peso de este cuerpo, escrito en la forma

$$3 \text{ kg } 350 \text{ g},$$

también se llama número denominado (aunque aquí en realidad hay dos números distintos y dos medidas distintas). De manera similar, 12 m 47 cm se llama número denominado.

Un número denominado se llama simple si contiene unidades de un solo nombre, por ejemplo 3 kg.

Un número denominado se llama compuesto si contiene unidades de diversos nombres, por ejemplo 3 kg 350 g.

Si dos números denominados expresan una misma magnitud, entonces se consideran iguales. Por ejemplo, el número denominado compuesto 2 km 25 m es igual al número denominado simple 2025 m, ya que ambos números expresan una misma longitud.

La conversión de un número denominado en unidades de un orden inferior se llama reducción a unidades inferiores, y la conversión inversa de un número denominado en unidades de órdenes superiores se llama reducción a unidades superiores. Así, la conversión del número 2 km 25 m en 2025 m será una reducción a unidades inferiores, y la conversión inversa del número 2025 m en 2 km 25 m será una reducción a unidades superiores.

§ 114. Por qué se necesitan nuevos números para medir magnitudes. Cuando deseamos contar cuántas mesas hay en un aula o cuántos árboles hay en un jardín, siempre encontraremos un número entero que responda a nuestra pregunta. Por lo tanto, para contar objetos no se requieren números distintos de los enteros.

Pero cuando deseamos medir, por ejemplo, la longitud de una habitación, deseamos saber cuántas veces la unidad de longitud elegida, por ejemplo el metro, está contenida en esta longitud. En este caso puede suceder que coloquemos el metro 5 veces y notemos que queda una parte de la longitud sin medir, pero que nuestro metro no cabe en esta parte: es menor que un metro. Esto significa que la longitud medida contiene la unidad de medida (el metro) más de 5 veces, pero menos de 6 veces. En consecuencia, ningún número entero puede servir como respuesta a la pregunta de cuántos metros contiene la longitud medida (porque no hay ningún número entero que sea mayor que 5 pero menor que 6). Si, sin embargo, deseamos obtener una respuesta a nuestra pregunta en forma de algún número, entonces debemos extender el dominio de los números que estudiamos, es decir, introducir, además de los números enteros, otros números nuevos. Ahora procedemos al estudio de estos números.

Sección IV
FRACCIONES COMUNES (ORDINARIAS)

I. Conceptos fundamentales

§ 115. Partes de la unidad. Ya hemos encontrado unidades de medida que pueden dividirse en partes iguales. Así, 1 metro puede dividirse en 100 centímetros; un día puede dividirse en 24 horas.

Llamamos centímetro a la centésima parte de un metro; de la misma manera, llamamos hora a la vigésima cuarta parte de un día. Un milímetro constituye la milésima parte de un metro. Un día constituye la tricentésima sexagésima quinta parte de un año común (es decir, no bisiesto). En todos estos casos, en lugar de «parte» a veces se dice «fracción» (esta palabra es más conveniente, porque la palabra «parte» tiene otro significado en nuestro idioma). Así, un gramo es la milésima parte de un kilogramo, un minuto es la sexagésima parte de una hora.

La segunda parte se llama más brevemente mitad, la tercera parte, tercio, la cuarta parte, cuarto.

§ 116. Número fraccionario. Una parte o una colección de varias partes iguales de una unidad se llama fracción.

Por ejemplo: 1 décima, 3 quintas, 12 séptimas son fracciones.

Un número entero junto con una fracción constituye un número mixto; por ejemplo, 3 enteros y 7 octavos (es decir, 3 unidades enteras, a las que se añaden otras 7 octavas partes de una unidad).

Las fracciones y los números mixtos se llaman números fraccionarios, en contraste con los números enteros, que están compuestos de unidades enteras.

§ 117. Representación de una fracción. Se acostumbra representar una fracción de la siguiente manera: se escribe un número que indica cuántas partes contiene la fracción; debajo se traza una línea; debajo de la línea se coloca otro número que indica en cuántas partes iguales se divide la unidad de la cual se toma la fracción. Por ejemplo, 3 quintas se representan así:

$$\frac{3}{5}$$

.

El número que está sobre la línea se llama numerador de la fracción; indica el número de partes que componen la fracción. El número que está debajo de la línea se llama denominador de la fracción; indica en cuántas partes iguales se dividió la unidad. Ambos números juntos se llaman términos de la fracción.

Un número mixto se escribe así: se escribe el número entero y, a su derecha, se añade la fracción; por ejemplo, el número 3 y dos séptimas se escribe así: $3\frac{2}{7}$.

§ 118. Obtención de números fraccionarios en la medición. Supongamos que deseamos medir una longitud utilizando un metro. Supongamos que el metro cabe 7 veces en esta longitud, con un resto menor que un metro. Para medir este resto, buscamos una décima parte del metro que, si es posible, quepa en el resto sin dejar un nuevo resto. Supongamos que resulta que la décima parte del metro cabe exactamente 3 veces en el resto. Entonces decimos que la longitud medida es igual a $7\frac{3}{10}$ metros.

De manera similar, los números fraccionarios pueden obtenerse al medir el peso (por ejemplo $2\frac{1}{4}$ gramos), al medir el tiempo (por ejemplo $\frac{7}{10}$ de hora), etc.

Así, un número fraccionario puede aparecer como resultado de una medición.

§ 119. Obtención de números fraccionarios al dividir un número entero en partes iguales. Supongamos que se requiere dividir 5 kg de pan en 8 partes iguales. Podemos realizar esta división de la siguiente manera: imaginemos que cada kilogramo de pan se divide en 8 partes iguales (en octavas partes); entonces en 5 kg de pan habrá $8 \cdot 5$, es decir, 40 de estas partes, y en una octava parte de 5 kg de pan debe haber $40 : 8$, es decir, 5. Por lo tanto, la octava parte de 5 kg es igual a $\frac{5}{8}$ de un kilogramo (y en general la octava parte de 5 unidades cualesquiera es igual a $\frac{5}{8}$ de una de esas unidades).

Tomemos otro ejemplo: se requiere reducir el número 28 en 5 veces, es decir, en lugar de 28 se requiere tomar una quinta parte de este número. 28 es la suma de los números 25 y 3. La quinta parte del número 25 es igual a 5. Para encontrar la quinta parte de 3, dividimos cada unidad en 5 partes iguales; tomando de cada unidad $\frac{1}{5}$, encontramos que la quinta parte de tres unidades será $\frac{3}{5}$. Por lo tanto, la quinta parte del número 28 es igual a $5\frac{3}{5}$.

Pero también se puede encontrar la quinta parte del número 28 de otra manera: la quinta parte de una unidad es $\frac{1}{5}$; la quinta parte de otra unidad también es $\frac{1}{5}$; si, de esta manera, tomamos la quinta parte de cada una de las 28 unidades, obtenemos $\frac{28}{5}$. Por lo tanto: para dividir un número entero en varias partes iguales, basta tomar ese número entero como numerador de una fracción y escribir como denominador otro número que indique en cuántas partes iguales se divide el número entero.

Ejemplos. La duodécima parte del número 7 es $\frac{7}{12}$; un cuarto del número 15 es $\frac{15}{4}$; la fracción $\frac{8}{13}$ es la decimotercera parte del número 8; la fracción $\frac{29}{6}$ es una sexta parte del número 29.

Corolario. Toda fracción puede considerarse no solo como una colección de varias partes iguales de una unidad, sino también como una parte de varias unidades enteras. Así, la fracción $\frac{5}{8}$ no solo es 5 octavas partes de una unidad, sino también una octava parte de 5 unidades.

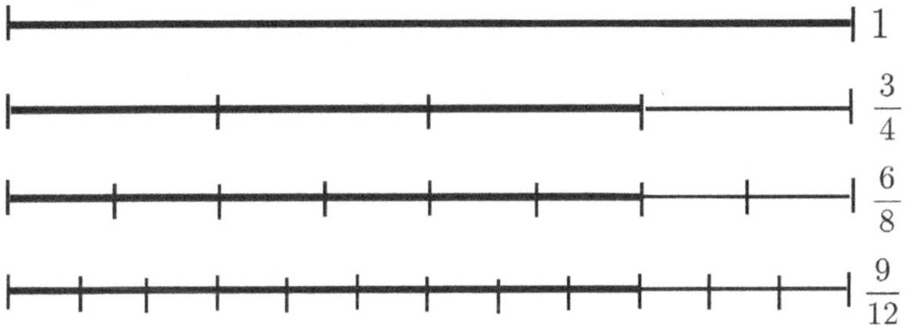

Figura 2

§ 120. Igualdad y desigualdad de números fraccionarios. Dos números fraccionarios se consideran iguales si las cantidades expresadas por estos números *con la misma unidad de medida* son iguales entre sí.

Tomemos alguna fracción, por ejemplo $\frac{3}{4}$ (sea esta $\frac{3}{4}$ de la longitud que se muestra en la figura 2). Dividamos cada cuarta parte por la mitad. Obtenemos entonces partes más pequeñas; en una cuarta parte hay 2 de estas partes; por lo tanto, en la unidad hay $2 \cdot 4 = 8$ de ellas; en consecuencia, estas son octavas partes; en tres cuartas partes hay $2 \cdot 3 = 6$ de estas octavas partes; por lo tanto, la fracción $\frac{3}{4}$ es igual a la fracción $\frac{6}{8}$; con esto queremos decir que dos longitudes, una de las cuales es $\frac{3}{4}$ de metro y la otra $\frac{6}{8}$ de metro, son iguales entre sí; o que dos pesos, uno de los cuales es igual a $\frac{3}{4}$ de kilogramo y el otro a $\frac{6}{8}$ de kilogramo, son iguales entre sí, etc.

De dos números fraccionarios desiguales, se considera mayor aquel que expresa una cantidad mayor con la misma unidad de medida. Así, si decimos que $\frac{1}{5} > \frac{1}{8}$, queremos expresar con esto que, por ejemplo, $\frac{1}{5}$ de gramo es mayor que $\frac{1}{8}$ de gramo, $\frac{1}{5}$ de hora es mayor que $\frac{1}{8}$ de hora, etc.

Si dos fracciones tienen el mismo numerador, entonces será mayor aquella cuyo denominador sea menor, porque contiene el mismo número de partes más grandes de la unidad que la otra. Así, $\frac{2}{3}$ es mayor que $\frac{2}{5}$.

§ 121. Fracción propia e impropia. Una fracción cuyo numerador es menor que su denominador se llama propia; una fracción cuyo numerador es mayor que su denominador o igual a él se llama impropia. Es evidente que una fracción propia es menor que la unidad, mientras que una fracción impropia es mayor que ella o igual a ella; por ejemplo:

$$\frac{7}{3} < 1, \quad \frac{8}{8} = 1, \quad \frac{9}{8} > 1.$$

§ 122. Conversión de un número entero en fracción impropia. Cualquier número entero puede expresarse en cualesquiera partes de la unidad que se deseen. Supongamos, por ejemplo, que se requiere expresar 8 en vigésimas partes. En una unidad hay 20 vigésimas; por lo tanto, en 8 unidades habrá $20 \cdot 8$, es decir, 160. Por lo tanto,

$$8 = \frac{20 \cdot 8}{20} = \frac{160}{20}.$$

De manera similar, el número 25 en cuartas partes se expresará como $\frac{100}{4}$, el número 100 en diecisieteavas partes se expresará como $\frac{1700}{17}$, etc.

Regla. Para expresar un número entero como una fracción impropia con un denominador dado, se debe multiplicar este denominador por el número dado y tomar el producto obtenido como numerador, y escribir el denominador dado.

Observación. A veces es útil representar un número entero en forma de una fracción cuyo numerador sea igual a ese número entero y cuyo denominador sea la unidad. Así, en lugar de 5 a veces se escribe $\frac{5}{1}$ (cinco primeros). Para dar sentido a tales expresiones, se conviene en que la «primera» parte de un número es el número mismo.

§ 123. Conversión de un número mixto en fracción impropia. Supongamos que se requiere convertir el número mixto $8\frac{3}{5}$ en una fracción impropia. Esto significa averiguar cuántas quintas partes hay en ocho unidades enteras junto con tres quintas partes de la misma unidad. En una unidad hay 5 quintas partes; por lo tanto, en ocho unidades habrá $5 \cdot 8$, es decir, 40; por lo tanto, en ocho unidades junto con tres quintas partes habrá $40 + 3$, es decir, 43.

Por lo tanto, $8\frac{3}{5} = \frac{43}{5}$. De manera similar:

$$3\frac{7}{8} = \frac{8 \cdot 3 + 7}{8} = \frac{31}{8};$$

$$10\frac{1}{4} = \frac{4 \cdot 10 + 1}{4} = \frac{41}{4};$$

$$25\frac{2}{7} = \frac{7 \cdot 25 + 2}{7} = \frac{177}{7}.$$

Regla. Para convertir un número mixto en una fracción impropia, se multiplica el número entero por el denominador, se suma el numerador al producto obtenido y se toma esta suma como numerador de la fracción buscada, dejando el denominador igual.

§ 124. Conversión de una fracción impropia en número mixto. Supongamos que se requiere convertir la fracción impropia $\frac{100}{8}$ en un número mixto, es decir, averiguar cuántas unidades enteras hay en esta fracción impropia y cuántas octavas partes más, que no constituyen una unidad. Como una unidad contiene 8 octavas partes, en 100 octavas partes hay tantas unidades como veces 8 octavas partes están contenidas en 100 octavas partes. 8 octavas partes están contenidas en 100 octavas partes 12 veces, quedando 4 octavas partes. Por lo tanto, 100 octavas partes contienen 12 unidades enteras y otras 4 octavas partes. Así,

$$\frac{100}{8} = 12\frac{4}{8}.$$

De manera similar,

$$\frac{59}{8} = 7\frac{3}{8}; \quad \frac{314}{25} = 12\frac{14}{25}; \quad \frac{85}{17} = 5; \quad \frac{25}{25} = 1.$$

Regla. Para convertir una fracción impropia en un número mixto o entero, se divide el numerador por el denominador; el cociente entero de esta división indicará cuántas unidades enteras hay, y el resto, cuántas partes de la unidad hay en el número mixto.

La conversión de una fracción impropia en un número mixto a veces también se llama extracción del número entero de esta fracción.

II. Cambio del valor de una fracción al cambiar sus términos

§ 125. Aumento o disminución de ambos términos de una fracción en el mismo número de veces.

Volvamos nuevamente a la Figura 2 (p. 88); en § 120 dividimos cada cuarto en 2 partes iguales; obtuvimos así octavas partes; en tres cuartos hay 6 octavas partes, y por lo tanto, como vimos, la fracción $\frac{3}{4}$ es igual a la fracción $\frac{6}{8}$.

Si dividimos cada cuarto no en 2 sino en 3 partes iguales, obtendremos partes aún más pequeñas, de las cuales habrá $3 \cdot 4$, es decir, 12, en la unidad entera (por lo tanto, estas serán duodécimas partes), y en tres cuartos habrá $3 \cdot 3$, es decir, 9; entonces, en lugar de $\frac{3}{4}$ obtendremos la fracción $\frac{9}{12}$, igual en valor a la fracción $\frac{3}{4}$. Subdividiendo cada cuarto de esta manera en 2, 3, 4, 5, etc. partes iguales, obtenemos una serie de fracciones iguales:

$$\frac{3}{4} = \frac{6}{8} = \frac{9}{12} = \frac{12}{16} = \frac{15}{20} = \frac{18}{24} = \dots.$$

Cada una de estas fracciones, comenzando por la segunda, se obtiene de la primera fracción $\frac{3}{4}$ multiplicando su numerador y denominador por el mismo número: por 2, por 3, por 4, etc.; por lo tanto, el valor de una fracción no cambiará si su numerador y denominador se multiplican por el mismo número (o, lo que es lo mismo, se aumentan en el mismo número de veces).

En forma general, esta propiedad de una fracción se puede expresar así:

$$\frac{a}{b} = \frac{am}{bm}.$$

De esto se deduce que el valor de una fracción tampoco cambiará si su numerador y denominador se dividen por el mismo número (o, lo que es lo mismo, se disminuyen en el mismo número de veces).

Por ejemplo, al notar que en la fracción $\frac{30}{50}$ ambos términos son divisibles por 10, podemos reemplazar esta fracción por la fracción $\frac{3}{5}$, que se obtiene si el numerador y el denominador de la fracción $\frac{30}{50}$ se disminuyen en 10 veces.

§ 126. Aumento o disminución de un término de una fracción en varias veces. Si el numerador de una fracción se aumenta (o disminuye) en varias veces, entonces la fracción aumentará (o disminuirá) en el mismo número de veces. Por ejemplo, aumentando el numerador de la fracción $\frac{4}{10}$ en 3 veces, obtenemos $\frac{12}{10}$. Esta fracción es 3 veces mayor que la anterior, porque contiene 3 veces más partes, y las partes siguen siendo las mismas. Si el denominador de una fracción se aumenta (o disminuye) en varias veces, entonces la fracción disminuirá (o aumentará) en el mismo número de veces. Por ejemplo, aumentando el denominador de la fracción $\frac{4}{10}$ en 5 veces, obtenemos $\frac{4}{50}$. Esta fracción es 5 veces menor que la anterior, porque (según § 125) $\frac{4}{10} = \frac{4 \cdot 5}{10 \cdot 5} = \frac{20}{50}$, y $\frac{20}{50}$ es 5 veces mayor que $\frac{4}{50}$.

§ 127. Aumento o disminución de una fracción en varias veces. Sabiendo cómo cambia una fracción con un cambio en su numerador y denominador, podemos deducir las siguientes reglas: 1) para aumentar una fracción en varias veces, es suficiente aumentar su numerador en el mismo número de veces, o disminuir su denominador en el mismo número de veces; 2) para disminuir una fracción en varias veces, es suficiente disminuir su numerador en el mismo número de veces, o aumentar su denominador en el mismo número de veces.[10] Ejemplos: para aumentar $\frac{7}{12}$ en 5 veces, obtenemos $\frac{35}{12}$; para aumentar $\frac{7}{12}$ en 6 veces, obtenemos $\frac{42}{12}$ o $\frac{7}{2}$[11]; para disminuir $\frac{8}{9}$ en 7 veces, obtenemos $\frac{8}{63}$; para disminuir $\frac{8}{9}$ en 4 veces, obtenemos $\frac{8}{36}$ o $\frac{2}{9}$. Por supuesto, disminuir el numerador en varias veces (al disminuir la fracción) o disminuir el denominador en varias veces (al aumentar la fracción) no es posible en todos los casos (como se evidencia en los ejemplos dados), sino solo cuando el numerador o denominador es divisible por ese número que indica cuántas veces se debe disminuir o aumentar la fracción.

§ 128. Aumento o disminución de ambos términos de una fracción en el mismo número. Supongamos que a ambos términos de la fracción $\frac{a}{b}$ le sumamos el mismo número m; entonces obtenemos una nueva fracción $\frac{a+m}{b+m}$. Comparemos la nueva fracción con la anterior. Para ello, multipliquemos ambos términos de la fracción anterior por $b+m$, y ambos términos de la nueva fracción por b:

$$\frac{a}{b} = \frac{a(b+m)}{b(b+m)}; \qquad \frac{a+m}{b+m} = \frac{(a+m)b}{(b+m)b}.$$

Ahora comparemos entre sí los numeradores de estas dos fracciones, ya que sus denominadores son iguales:

$$a(b+m) = ab + am \quad \text{y} \quad (a+m)b = ab + bm.$$

Restando ab de ambas sumas, obtenemos am en el primer caso y bm en el segundo. Si la fracción tomada es menor que la unidad, es decir, si $a < b$, entonces $am < bm$; por lo tanto, la fracción propia aumentó debido a nuestra operación. Si la fracción dada es mayor que la unidad, es decir, $a > b$, entonces $am > bm$; por lo tanto, tal fracción disminuyó debido a nuestra operación. Así:

al sumar el mismo número a los términos de una fracción, la fracción menor que la unidad aumenta, mientras que la fracción mayor que la unidad disminuye.

Por ejemplo, si tomamos la fracción $\frac{1}{2}$ y le sumamos una unidad a su numerador y denominador, obtenemos la fracción $\frac{1+1}{2+1} = \frac{2}{3}$, que es mayor que $\frac{1}{2}$; si tomamos la fracción $\frac{3}{2} = 1\frac{1}{2}$ y hacemos lo mismo, obtenemos la fracción $\frac{3+1}{2+1} = \frac{4}{3} = 1\frac{1}{3}$, que es menor que $\frac{3}{2}$.

[10] La fuente congelada invierte las direcciones de estas dos reglas; esta edición las corrige para conservar el significado matemático y deja registrada la corrección.

[11] La fuente congelada imprime «42/12 o 7/12»; la reducción aritméticamente coherente es «42/12 o 7/2».

III. Reducción de una fracción

§ 129. Qué se llama «reducción» de una fracción. Se llama reducción de una fracción a su reemplazo por otra fracción igual a ella, con términos menores, mediante la división del numerador y el denominador por el mismo número.

Por supuesto, solo se puede reducir una fracción cuyos términos tengan algún divisor común distinto de la unidad; por ejemplo, la fracción $\frac{8}{12}$ se puede reducir, pero la fracción $\frac{9}{20}$ no, ya que en la primera fracción el numerador y el denominador tienen un divisor común además de la unidad, concretamente 4 (al reducir se obtiene la fracción $\frac{2}{3}$), mientras que el numerador y el denominador de la segunda fracción no tienen ningún divisor común aparte de la unidad. Una fracción que no se puede reducir se llama fracción irreducible.

§ 130. Dos métodos de reducción. El primer método (reducción sucesiva) consiste en lo siguiente: guiándose por las pruebas de divisibilidad, se determina si el numerador y el denominador de la fracción dada son divisibles por algún divisor común (distinto de la unidad); si existe tal divisor, entonces la fracción se reduce por él; la fracción obtenida después de la reducción, si es posible, se reduce nuevamente de la misma manera, y tal reducción sucesiva se continúa hasta obtener una fracción irreducible.

Por ejemplo,

$$\frac{840}{3600} = \frac{84}{360} = \frac{21}{90} = \frac{7}{30}.$$

Para recordar, al principio es útil escribir encima de la fracción el número por el cual se reduce. Luego, con cierta práctica, esta notación generalmente se omite.

El segundo método (reducción completa) consiste en encontrar el máximo común divisor de los términos de la fracción y, si resulta no ser la unidad, dividir estos términos por él. Por ejemplo, supongamos que se requiere reducir la fracción $\frac{391}{527}$. Para esto, encontramos el máximo común divisor de los números 391 y 527 (es igual a 17) y reducimos por él:

$$\frac{391}{527} = \frac{391 : 17}{527 : 17} = \frac{23}{31}.$$

En este caso, después de la reducción, se obtiene una fracción irreducible. En efecto, el máximo común divisor de los términos de una fracción debe contener dentro de sí todos los factores primos comunes que entran en la composición de estos términos; por lo tanto, cuando dividimos el numerador y el denominador por él, los cocientes resultantes ya no pueden contener ningún factor común (aparte de la unidad) y, en consecuencia, no tendrán ningún divisor común.

§ 131. Sobre las fracciones irreducibles. Teorema. Si una fracción dada es igual a alguna fracción irreducible, entonces los términos de la fracción dada se obtienen de los términos correspondientes de esta fracción irreducible multiplicando por el mismo número entero.

Supongamos que

$$\frac{a}{b} = \frac{a_1}{b_1},$$

y admitamos que la primera fracción es irreducible, es decir, que sus términos a y b no tienen divisores comunes aparte de la unidad. Se requiere demostrar que a_1 es múltiplo de a y b_1 es múltiplo de b, y además por el mismo número de veces. Para la demostración, multipliquemos ambos términos de la segunda fracción por b, y los de la primera por b_1; como los valores de las fracciones no cambian por esto, obtenemos la igualdad

$$\frac{ab_1}{bb_1} = \frac{a_1 b}{b_1 b},$$

de donde encontramos:

$$ab_1 = a_1 b.$$

IV. Reducción de fracciones al mínimo común denominador

§ 132. Explicación. Tomemos como ejemplo las dos fracciones $\frac{5}{12}$ y $\frac{7}{15}$ y preguntémonos si es posible expresar estas fracciones en partes iguales de la unidad. La fracción $\frac{5}{12}$ es irreducible; por lo tanto, los denominadores de las fracciones a las que puede ser igual la fracción $\frac{5}{12}$ deben ser números divisibles por 12. En otras palabras, además de doceavos, se puede expresar en veinticuatroavos, treintaiseisavos, cuarentaiochoavos, etc. De manera similar, los denominadores de las fracciones a las que puede ser igual la fracción irreducible $\frac{7}{15}$ deben ser números divisibles por 15; en consecuencia, el denominador común de estas dos fracciones debe ser un múltiplo común de 12 y 15, y el mínimo común denominador debe ser el mínimo común múltiplo de 12 y 15. Encontremos el mínimo común múltiplo de estos números:

$$12 = 2 \cdot 2 \cdot 3$$

$$15 = 3 \cdot 5$$

$$\text{mcm} = 2 \cdot 2 \cdot 3 \cdot 5 = 60.$$

Este será el mínimo común denominador de las fracciones $\frac{5}{12}$ y $\frac{7}{15}$.

Para expresar cada una de estas fracciones en sesentavos, encontremos para sus denominadores los llamados factores adicionales, es decir, para cada denominador encontremos el número por el cual debe multiplicarse para obtener el mínimo común denominador. Como $60 = 12 \cdot 5 = 15 \cdot 4$, para obtener 60 se debe multiplicar 12 por 5, y 15 por 4. Para que el valor de las fracciones no cambie, se debe multiplicar el numerador de cada fracción por el número por el cual se multiplica su denominador, por lo tanto

$$\frac{5}{12} = \frac{5 \cdot 5}{12 \cdot 5} = \frac{25}{60}, \quad \frac{7}{15} = \frac{7 \cdot 4}{15 \cdot 4} = \frac{28}{60}.$$

Supongamos ahora que se requiere reducir tres fracciones al mínimo común denominador: $\frac{4}{90}$, $\frac{7}{20}$ y $\frac{8}{75}$. La primera de ellas es una fracción reducible; después de reducirla, da $\frac{2}{45}$, las demás fracciones son irreducibles. Encontremos el mínimo común múltiplo de todos los denominadores: 45, 20 y 75.

$45 = \mathbf{3} \cdot \mathbf{3} \cdot 5$	factor adicional para 45 es 20
$20 = \mathbf{2} \cdot \mathbf{2} \cdot 5$	≫ ≫ ≫ 20 ≫ 45
$75 = \mathbf{3} \cdot \mathbf{5} \cdot \mathbf{5}$	≫ ≫ ≫ 75 ≫ 12
$\text{mcm} = \mathbf{3} \cdot \mathbf{3} \cdot 5 \cdot 2 \cdot 2 \cdot 5 = 900$	

Ahora multipliquemos ambos términos de cada fracción por el factor adicional para su denominador:

$$\frac{2}{45} = \frac{2 \cdot 20}{45 \cdot 20} = \frac{40}{900}; \quad \frac{7}{20} = \frac{7 \cdot 45}{20 \cdot 45} = \frac{315}{900}; \quad \frac{8}{75} = \frac{8 \cdot 12}{75 \cdot 12} = \frac{96}{900}.$$

12)

Regla. Para reducir fracciones al mínimo común denominador, primero, si es posible, se reducen, luego se encuentra el mínimo común múltiplo de todos los denominadores y para cada denominador se determina el factor adicional correspondiente; finalmente, se multiplican ambos términos de cada fracción por el factor adicional para su denominador.

§ 133. Algunos casos especiales. Primer caso, cuando ningún par de denominadores contiene factores comunes.

Por ejemplo:

$$\frac{3}{7}, \quad \frac{4}{15}, \quad \frac{5}{8}.$$

Como en este caso el mínimo común múltiplo de los denominadores es igual a su producto, ambos términos de cada fracción deben multiplicarse por el producto de los denominadores de las demás fracciones:

$$\frac{3}{7} = \frac{3 \cdot 15 \cdot 8}{7 \cdot 15 \cdot 8} = \frac{360}{840};$$

$$\frac{4}{15} = \frac{4 \cdot 7 \cdot 8}{15 \cdot 7 \cdot 8} = \frac{224}{840};$$

$$\frac{5}{8} = \frac{5 \cdot 7 \cdot 15}{8 \cdot 7 \cdot 15} = \frac{525}{840}.$$

En particular, esto se hace cuando los denominadores son números primos, diferentes entre sí.

Segundo caso, cuando el mayor de los denominadores es divisible por cada uno de los demás, por ejemplo:

$$\frac{3}{7}, \quad \frac{7}{15}, \quad \frac{8}{315}.$$

El denominador 315 es divisible por 7 y por 15. En este caso, el mayor denominador es el mínimo común múltiplo de todos los denominadores; por lo tanto, debe ser el mínimo común denominador:

el factor adicional para 7 es 45:

$$\frac{3}{7} = \frac{3 \cdot 45}{7 \cdot 45} = \frac{135}{315};$$

[12] La fuente congelada imprime «$75 \cdot 22$» en el denominador, aunque el factor del numerador y el resultado 96/900 requieren «$75 \cdot 12$». Además, omite un segundo factor 2 en la descomposición del mínimo común múltiplo, aunque concluye con 900; se muestra aquí la factorización coherente $3 \cdot 3 \cdot 5 \cdot 2 \cdot 2 \cdot 5 = 900$. Finalmente, la fuente imprime una forma fraccionaria incorrecta en la descomposición de 15; aquí se muestra la forma coherente «$15 = 3 \cdot 5$».

el factor adicional para 15 es 21:

$$\frac{7}{15} = \frac{7 \cdot 21}{15 \cdot 21} = \frac{147}{315}; \quad \frac{8}{315} = \frac{8}{315}.$$

V. Suma de números fraccionarios

Suma de números fraccionarios

§ 134. Definición y derivación de la regla. La suma de números fraccionarios se puede definir de la misma manera que la suma de números enteros (§ 19), es decir: la suma es la operación que consiste en combinar varios números dados (sumandos) en un solo número (la suma), que contiene en sí todas las unidades de los sumandos y todas sus partes.

1) Supongamos que se requiere encontrar la suma de varias fracciones con el mismo denominador, por ejemplo:

$$\frac{7}{11}+\frac{3}{11}+\frac{5}{11}.$$

Es evidente que 7 onceavos, más 3 onceavos, más 5 onceavos de alguna unidad constituyen 7+5+3 onceavos de la misma unidad, es decir:

$$\frac{7}{11}+\frac{3}{11}+\frac{5}{11}=\frac{7+3+5}{11}=\frac{15}{11}=1\frac{4}{11}.$$

2) Supongamos que se requiere sumar fracciones con diferentes denominadores, por ejemplo:

$$\frac{3}{4}+\frac{7}{10}+\frac{9}{16}.$$

Entonces, reduciendo todas estas fracciones al mínimo común denominador, realizamos la suma como en el primer caso:

$$\overset{20}{\frac{3}{4}}+\overset{8}{\frac{7}{10}}+\overset{5}{\frac{9}{16}}=\frac{60+56+45}{80}=\frac{161}{80}=2\frac{1}{80}.$$

El número escrito sobre cada fracción dada como referencia es el factor adicional por el cual se deben multiplicar los términos de la fracción para reducirla al denominador común.[13)]

Regla. Para sumar fracciones, primero se deben reducir a un denominador común, luego sumar los numeradores y escribir el denominador común debajo de la suma.

3) Supongamos, finalmente, que se requiere sumar números mixtos:

$$4\frac{2}{15}+8\frac{9}{10}+3\frac{5}{6}.$$

Primero sumamos las fracciones:

[13)] En los dos ejemplos de suma, las anotaciones de factores adicionales de la fuente congelada aparecen deformadas. La edición española muestra los factores coherentes: 20, 8 y 5 para llevar $\frac{3}{4}$, $\frac{7}{10}$ y $\frac{9}{16}$ al denominador común 80, y 2, 3 y 5 para llevar $\frac{2}{15}$, $\frac{9}{10}$ y $\frac{5}{6}$ al denominador común 30.

$$\frac{\overset{2}{2}}{15}+\frac{\overset{3}{9}}{10}+\frac{\overset{5}{5}}{6}=\frac{4+27+25}{30}=\frac{56}{30}=1\frac{26}{30}=1\frac{13}{15}.$$

Luego sumamos los números enteros y a su suma agregamos la unidad obtenida de la suma de las fracciones:

$$4+8+3+1=16.$$

Por lo tanto, la suma completa es igual a $16\frac{13}{15}$.

Observación. Con respecto a la suma de un número fraccionario con cero, se mantiene la misma condición que se indicó en la suma de números enteros, es decir: sumar cero a cualquier número, o sumar cualquier número a cero, significa dejar ese número sin cambios.

§ 135. Propiedades de la suma. La suma de números fraccionarios posee las mismas propiedades que la suma de números enteros (§ 20), es decir: 1) la suma no cambia al alterar el orden de los sumandos, y 2) la suma no cambia si reemplazamos cualquier grupo de sumandos por su suma.

El cambio en una suma cuando los sumandos cambian también sigue siendo el mismo para los números fraccionarios (§ 27) que para los números enteros, es decir, si cualquier sumando aumenta o disminuye en algún número, entonces la suma también aumenta o disminuye en el mismo número.

14)

Resta de números fraccionarios

§ 136. Definición y derivación de la regla. La resta es una operación que consiste en esto: de un número dado mayor (el minuendo) se separa una parte igual a un número dado menor (el sustraendo). También se puede decir que la resta es una operación (inversa a la suma) mediante la cual, dada una suma de dos sumandos y uno de estos sumandos, se encuentra el otro sumando.

1) Supongamos que se dan fracciones con el mismo denominador para restar, por ejemplo:

$$\frac{7}{8}-\frac{3}{8}.$$

Si de siete octavos separamos una parte igual a tres octavos, entonces quedará, evidentemente, 7 - 3 octavos:

$$\frac{7}{8}-\frac{3}{8}=\frac{7-3}{8}=\frac{4}{8}=\frac{1}{2}.$$

2) Supongamos que las fracciones dadas tienen diferentes denominadores; por ejemplo:

[14] La copia congelada heredada divide el § 135 entre dos archivos de fuente. La edición española restituye la continuación exacta desde la instantánea suplementaria auditada y registra explícitamente la reconciliación de la frontera de fuente.

$$\frac{11}{15}-\frac{3}{8}.$$

Entonces, reduciendo estas fracciones a un denominador común, realizamos la resta como se explicó anteriormente:

$$\frac{\overset{8}{11}}{15}-\frac{\overset{15}{3}}{8}=\frac{88-45}{120}=\frac{43}{120}.$$

Regla. Para restar una fracción de otra, primero se deben reducir al mínimo común denominador, luego restar el numerador del sustraendo del numerador del minuendo, y bajo su diferencia escribir el denominador común.

3) Si se necesita restar un número mixto de otro número mixto, entonces, si es posible, se resta la fracción de la fracción y el entero del entero. Por ejemplo:

$$8\frac{\overset{4}{9}}{11}-5\frac{\overset{11}{3}}{4}=8\frac{36}{44}-5\frac{33}{44}=3\frac{3}{44}.$$

Sin embargo, si la fracción del sustraendo es mayor que la fracción del minuendo, entonces se toma una unidad del número entero del minuendo, se divide en las partes apropiadas y se agrega a la fracción del minuendo, después de lo cual se procede como se describió anteriormente. Por ejemplo:

$$10\frac{\overset{6}{3}}{11}-5\frac{\overset{11}{5}}{6}=10\frac{18}{66}-5\frac{55}{66}=9\frac{84}{66}-5\frac{55}{66}=4\frac{29}{66}.$$

De la misma manera, se realiza la resta de una fracción de un número entero; por ejemplo:

$$7-2\frac{3}{5}=6\frac{5}{5}-2\frac{3}{5}=4\frac{2}{5};$$
$$10-\frac{3}{17}=9\frac{17}{17}-\frac{3}{17}=9\frac{14}{17}.$$

Observaciones.

1) Al restar cero, se mantiene la misma condición que se indicó para la resta de números enteros, es decir: restar cero de cualquier número significa dejar ese número sin cambios.

2) La diferencia de números fraccionarios cambia con los cambios en los números dados de la misma manera que la diferencia de números enteros, es decir: si se aumenta (o disminuye) el minuendo en algún número, entonces la diferencia también aumenta (o disminuye) en el mismo número; si se aumenta (o disminuye) el sustraendo en algún número, entonces la diferencia disminuye (o aumenta) en el mismo número. [15]

Encontrar una fracción de un número dado

[15] Nota editorial: se corrigieron tres signos de suma de la fuente congelada a signos de resta y se restituyó la continuación del § 136 antes del § 137.

§ 137. Encontrar una fracción de un número dado es necesario para resolver muchos problemas. Los siguientes problemas pueden servir como ejemplos:

Problema 1. Un tren se mueve uniformemente a una velocidad de 40 km por hora. ¿Qué distancia recorrerá en $\frac{7}{8}$ de hora?

Obviamente, en $\frac{7}{8}$ de hora el tren recorrerá tantos kilómetros como estén contenidos en $\frac{7}{8}$ de 40 km. Para encontrar $\frac{7}{8}$ del número 40, primero encontramos $\frac{1}{8}$ de este número (es decir, reducimos 40 en 8 veces), y luego aumentamos el resultado obtenido en 7 veces:

$$\frac{1}{8} \text{ del número 40 es } 5;$$
$$\frac{7}{8} \text{ del número 40 es } 5 \times 7 = 35.$$

Por lo tanto, el tren recorre 35 km en $\frac{7}{8}$ de hora.

En este problema encontramos $\frac{7}{8}$ del número 40.

Problema 2. Un metro de tela cuesta $18\frac{1}{2}$ rublos. ¿Cuántos rublos se deben pagar por $1\frac{3}{4}$ metros (es decir, por $\frac{7}{4}$ metros) de esta tela?

Es evidente que $\frac{7}{4}$ metros cuestan tantos rublos como haya en $\frac{7}{4}$ del número $18\frac{1}{2}$ rublos. Para encontrar esto, primero encontramos $\frac{1}{4}$ de este número (es decir, reducimos $18\frac{1}{2}$ en 4 veces), y luego aumentamos el resultado en 7 veces:

$\frac{1}{4}$ del número $18\frac{1}{2}$ (es decir, del número $\frac{37}{2}$) es $\frac{37}{2 \cdot 4}$ (§ 127);

$\frac{7}{4}$ del número $18\frac{1}{2}$ (es decir, del número $\frac{37}{2}$) es $\frac{37 \cdot 7}{2 \cdot 4} = \frac{259}{8} = 32\frac{3}{8}$.

Por lo tanto, por $\frac{7}{4}$ metros se tendrá que pagar $32\frac{3}{8}$ rublos.

En este problema encontramos $\frac{7}{4}$ del número $18\frac{1}{2}$.

Problema 3. Encontrar $\frac{8}{3}$ del número $\frac{5}{6}$.

Primero encontramos $\frac{1}{3}$ del número $\frac{5}{6}$ (es decir, reducimos $\frac{5}{6}$ en 3 veces), y luego aumentamos el resultado obtenido en 8 veces.

$\frac{1}{3}$ del número $\frac{5}{6}$ es $\frac{5}{6 \cdot 3}$;

$\frac{8}{3}$ del número $\frac{5}{6}$ es $\frac{5 \cdot 8}{6 \cdot 3} = \frac{40}{18} = 2\frac{2}{9}$.

En este problema encontramos $\frac{8}{3}$ del número $\frac{5}{6}$.

De estos problemas derivamos la regla:

para encontrar la magnitud de alguna fracción de un número dado, se debe reducir este número en tantas veces como unidades haya en el denominador de la fracción, y aumentar el resultado en tantas veces como unidades haya en el numerador de la fracción.
[16)]

Encontrar porcentajes de un número dado

§ 138. Qué son los porcentajes. Ya sabemos que algunas de las fracciones más comunes de una unidad han recibido nombres especiales; una mitad se llama mitad, una tercera parte se llama tercio, una cuarta parte se llama cuarto. Muy a menudo (por ejemplo, en la contabilidad de producción y en los cálculos monetarios) se utilizan las centésimas partes; por lo tanto, también han recibido un nombre especial.

[16)] Nota editorial: en la frase final del problema 3 del § 137, la fuente imprime 8/6; aquí se corrige a 8/3, coherente con el cálculo inmediatamente anterior.

[17]

La centésima parte de cualquier número se llama porcentaje de ese número. Por lo tanto, por ejemplo, 5 por ciento de cualquier número significa lo mismo que 5 centésimas (o una vigésima parte) de ese número.

El porcentaje se denota con el signo %; así, 17% de cualquier número significa 17 por ciento, es decir, $\frac{17}{100}$ de ese número.

Las cajas de ahorros proporcionan a los depositarios un 3% de ingreso anual; esto significa que cada suma depositada en una caja de ahorros aumenta en un 3% durante el año, es decir, en $\frac{3}{100}$ (de esa suma); estos 3% constituyen el ingreso anual del depositario.

Si se dice que un trabajador ha cumplido el 250% de la norma, esto significa que la producción que ha elaborado constituye el 250%, es decir, $\frac{250}{100} = \frac{5}{2} = 2\frac{1}{2}$ de la norma, es decir, de la tarea asignada; en otras palabras, ha producido $2\frac{1}{2}$ veces más de lo que la norma requería.

§ 139. Encontrar porcentajes de un número dado. Supongamos, por ejemplo, que necesitamos encontrar el 18% del número 245; dado que 18% significa $\frac{18}{100}$, el problema se resuelve mediante la regla de § 137:

18% del número 245 es $\frac{245 \cdot 18}{100} = 44\frac{1}{10}$.

Consideremos también los siguientes tres problemas.

Problema 1. Al ordenar un traje que cuesta 240 rublos, el cliente pagó el 15% como anticipo; encontrar la cantidad del anticipo.

Obviamente, debemos encontrar el 15% (es decir, $\frac{15}{100}$) del número 240; por la regla de § 137

15% del número 240 es $\frac{240 \cdot 15}{100} = 36$ (rublos).

Por lo tanto, la cantidad del anticipo es de 36 rublos.

Problema 2. Una brigada de leñadores tenía la tarea de preparar 90 metros cúbicos de leña; la tarea se sobrecumplió en un 20%; ¿cuánta leña preparó la brigada?

Solución:

20% del número 90 es $\frac{90 \cdot 20}{100} = 18$ (metros cúbicos).[18]

Por lo tanto, la tarea se sobrecumplió en 18 metros cúbicos, y por lo tanto la brigada preparó 90+18=108 (metros cúbicos).

Problema 3. Un préstamo interno estatal proporciona un 4% de ingreso anual; ¿en cuántos años el ingreso de un bono de 300 rublos ascenderá a 42 rublos?

Solución: Primero, averigüemos qué ingreso proporciona un bono de 300 rublos en un año; para esto, debemos encontrar el 4% del número 300: 4% del número 300 es $\frac{300 \cdot 4}{100} = 12$ (rublos). Por lo tanto, el bono proporciona 12 rublos de ingreso por año. Por lo tanto, 42 rublos de ingreso proporcionará en $42 : 12 = 3\frac{1}{2}$ (años).

Multiplicación de números fraccionarios

[17] Nota editorial: la copia congelada heredada omite la continuación del § 138 y casi todo el § 139; solo retoma al final del § 139. Aquí se restituye el texto desde la fuente canónica auditada.

[18] Nota editorial: en el problema 2, la fuente imprime $\frac{900 \cdot 20}{100}$; aquí se corrige a $\frac{90 \cdot 20}{100}$, coherente con el enunciado y con el resultado 18.

§ 140. Definiciones.

1) La multiplicación de un número fraccionario por un número entero se define de la misma manera que la multiplicación de números enteros, es decir: multiplicar un número (el multiplicando) por un número entero (el multiplicador) significa formar una suma de sumandos idénticos, en la que cada sumando es igual al multiplicando, y el número de sumandos es el multiplicador. Así, multiplicar $\frac{7}{8}$ por 5 significa encontrar la suma: $\frac{7}{8}+\frac{7}{8}+\frac{7}{8}+\frac{7}{8}+\frac{7}{8}$.

2) Multiplicar un número (el multiplicando) por una fracción (el multiplicador) significa encontrar esa fracción del multiplicando. Así, multiplicar 5 por $\frac{7}{8}$ significa encontrar $\frac{7}{8}$ de cinco unidades. Multiplicar $\frac{3}{4}$ por $\frac{2}{3}$ significa encontrar $\frac{2}{3}$ del número $\frac{3}{4}$. Por lo tanto, encontrar una fracción de un número dado, considerado anteriormente, ahora lo llamaremos multiplicación por una fracción.

3) Multiplicar un número (el multiplicando) por un número mixto (el multiplicador) significa multiplicar el multiplicando primero por el número entero del multiplicador, luego por la fracción del multiplicador, y sumar los resultados de estas dos multiplicaciones. Por ejemplo: $\frac{4}{5}\cdot 3\frac{2}{7}=\frac{4}{5}\cdot 3+\frac{4}{5}\cdot\frac{2}{7}$. El número obtenido después de la multiplicación, en todos estos casos, se llama producto, es decir, igual que en la multiplicación de números enteros. De estas definiciones se deduce que la multiplicación de números fraccionarios es una operación siempre posible y siempre unívoca.

§ 141. Conveniencia de estas definiciones. Para aclarar la conveniencia de introducir en aritmética las dos últimas definiciones de multiplicación, tomemos el siguiente problema:

Problema. Un tren, moviéndose uniformemente, recorre 40 km en una hora; ¿cómo se puede determinar cuántos kilómetros recorrerá este tren en un número dado de horas?

Si nos quedáramos con solo esa definición de multiplicación que se da en la aritmética de números enteros (suma de sumandos iguales), entonces nuestro problema tendría tres soluciones diferentes, a saber:

Si el número dado de horas es un número entero (por ejemplo, 5 horas), entonces para resolver el problema se debe multiplicar 40 km por este número de horas.

Si el número dado de horas se expresa como una fracción (por ejemplo, $\frac{3}{4}$ de hora), entonces se tendría que encontrar la magnitud de esta fracción de 40 km.

Finalmente, si el número dado de horas es mixto (por ejemplo, $5\,\frac{3}{4}$ horas), entonces se tendría que multiplicar 40 km por el número entero contenido en el número mixto, y al resultado sumar también esa fracción de 40 km que está en el número mixto.

Las definiciones que hemos dado nos permiten dar una respuesta común para todos estos casos posibles: se debe multiplicar 40 km por el número dado de horas, sea cual sea.

Así, si el problema se presenta en forma general de la siguiente manera:

Un tren, moviéndose uniformemente, recorre v km en una hora. ¿Cuántos kilómetros recorrerá el tren en t horas?

entonces, cualesquiera que sean los números v y t, podemos dar una respuesta: el número buscado se expresa mediante la fórmula $v \cdot t$.

Observación. Encontrar una fracción de un número dado, según nuestra definición, significa lo mismo que multiplicar el número dado por esta fracción; por lo tanto, por ejemplo, encontrar el 5% (es decir, cinco centésimas) de un número dado significa lo mismo que multiplicar el número dado por $\frac{5}{100}$ o por $\frac{1}{20}$; encontrar el 125% de un número dado significa lo mismo que multiplicar este número por $\frac{125}{100}$ o por $\frac{5}{4}$, y así sucesivamente.

§ 142. Observación sobre cuándo un número aumenta por multiplicación y cuándo disminuye.

Al multiplicar por una fracción propia, el número disminuye, y al multiplicar por una fracción impropia, el número aumenta, si esta fracción impropia es mayor que uno, y permanece sin cambios si es igual a uno.

Por ejemplo, el producto $5 \cdot \frac{7}{8}$ debe ser menor que 5, ya que significa $\frac{7}{8}$ del número 5, y $\frac{7}{8}$ de cinco es menor que $\frac{8}{8}$ de cinco, es decir, menor que 5; el producto $5 \cdot \frac{9}{8}$ debe ser mayor que 5, porque significa $\frac{9}{8}$ del número 5, y $\frac{9}{8}$ de cinco es mayor que $\frac{8}{8}$ de cinco, es decir, mayor que 5; finalmente, el producto $5 \cdot \frac{8}{8}$, es decir, $\frac{8}{8}$ de cinco, es igual a 5.

Observación. Al multiplicar números fraccionarios, al igual que con números enteros, el producto se considera igual a cero si alguno de los factores es igual a cero; así, $0 \cdot \frac{7}{8} = 0$ y $\frac{7}{8} \cdot 0 = 0$.

§ 143. Derivación de las reglas de multiplicación.

1) Multiplicación de una fracción por un número entero. Supongamos que se debe multiplicar la fracción $\frac{3}{10}$ por 5. Esto significa aumentar $\frac{3}{10}$ por un factor de 5. Para aumentar una fracción por un factor de 5, basta con aumentar su numerador o disminuir su denominador por un factor de 5 (§ 127). Por lo tanto: $\frac{3}{10} \cdot 5 = \frac{3 \cdot 5}{10} = \frac{15}{10} = \frac{3}{2}$, o $\frac{3}{10} \cdot 5 = \frac{3}{10:5} = \frac{3}{2}$.

Regla 1. Para multiplicar una fracción por un número entero, se debe multiplicar el numerador por este número entero y dejar el denominador igual; en lugar de esto, también se puede dividir el denominador de la fracción por el número entero dado (si es posible) y dejar el numerador igual.

Observación. El producto de una fracción por su denominador es igual a su numerador. Así:

$$\frac{5}{8} \cdot 8 = \frac{5 \cdot 8}{8} = 5.$$

2) Multiplicación de un número entero por una fracción. Supongamos que se debe multiplicar 7 por $\frac{4}{9}$. Esto significa encontrar $\frac{4}{9}$ del número 7. Para esto, primero encontramos $\frac{1}{9}$ del número 7, y luego $\frac{4}{9}$; $\frac{1}{9}$ del número 7 constituye $\frac{7}{9}$ (§ 119); $\frac{4}{9}$ del número 7 constituye $\frac{7 \cdot 4}{9}$ (§ 127).

Por lo tanto,

$$7 \cdot \frac{4}{9} = \frac{7 \cdot 4}{9} = \frac{28}{9}.$$

Regla 2. Para multiplicar un número entero por una fracción, se debe multiplicar el número entero por el numerador de la fracción y hacer de este producto el numerador, y escribir el denominador de la fracción dada como denominador.

3) Multiplicación de una fracción por una fracción. Supongamos que debemos multiplicar $\frac{3}{5}$ por $\frac{7}{8}$. Esto significa encontrar $\frac{7}{8}$ del número $\frac{3}{5}$. Para esto, primero encontramos $\frac{1}{8}$, y luego $\frac{7}{8}$ del número $\frac{3}{5}$: $\frac{1}{8}$ del número $\frac{3}{5}$ constituye $\frac{3}{5 \cdot 8}$ (§ 127); $\frac{7}{8}$ del número $\frac{3}{5}$ constituye $\frac{3 \cdot 7}{5 \cdot 8}$. Por lo tanto,

$$\frac{3}{5} \cdot \frac{7}{8} = \frac{3 \cdot 7}{5 \cdot 8} = \frac{21}{40}.$$

Regla 3. Para multiplicar una fracción por una fracción, se debe multiplicar el numerador por el numerador y el denominador por el denominador, y hacer del primer producto el numerador y del segundo el denominador del producto.

Observación. Esta regla también se puede aplicar a la multiplicación de una fracción por un número entero y de un número entero por una fracción, siempre que consideremos el número entero como una fracción con denominador uno. Así:

$$\frac{3}{10} \cdot 5 = \frac{3}{10} \cdot \frac{5}{1} = \frac{3 \cdot 5}{10 \cdot 1} = \frac{15}{10} = \frac{3}{2};$$

$$7 \cdot \frac{4}{9} = \frac{7}{1} \cdot \frac{4}{9} = \frac{7 \cdot 4}{1 \cdot 9} = \frac{28}{9} = 3\,\frac{1}{9}.$$

Por lo tanto, las tres reglas recién expuestas se resumen en una, que en forma general se puede expresar de la siguiente manera:

$$\frac{a}{b} \cdot \frac{c}{d} = \frac{ac}{bd}.$$

4) Multiplicación de números mixtos.

Regla 4. Para multiplicar números mixtos, se deben convertir en fracciones impropias y luego multiplicar según las reglas de multiplicación de fracciones. Por ejemplo:

$$1)\ 7 \cdot 5\,\frac{3}{4} = 7 \cdot \frac{23}{4} = \frac{7 \cdot 23}{4} = \frac{161}{4} = 40\,\frac{1}{4};$$

$$2)\ 2\,\frac{3}{5} \cdot 4\,\frac{2}{3} = \frac{13}{5} \cdot \frac{14}{3} = \frac{13 \cdot 14}{5 \cdot 3} = \frac{182}{15} = 12\,\frac{2}{15}.$$

§ 144. Simplificación en la multiplicación. Al multiplicar fracciones, si es posible, se debe hacer una simplificación previa, como se evidencia en los siguientes ejemplos:

$$1)\ 12 \cdot \frac{7}{8} = \frac{12 \cdot 7}{8} = \frac{3 \cdot 7}{2} = \frac{21}{2} = 10\,\frac{1}{2};$$

2) $\frac{16}{21} \cdot \frac{5}{28} = \frac{16 \cdot 5}{21 \cdot 28} = \frac{4 \cdot 5}{21 \cdot 7} = \frac{20}{147}$. Tal simplificación es posible porque el valor de una fracción no cambiará si su numerador y denominador se reducen en la misma cantidad de veces.

§ 145. Cambio en el producto con el cambio de los factores. El producto de números fraccionarios, cuando los factores cambian, cambiará exactamente de la misma manera que el producto de números enteros (§ 53), es decir: si algún factor se aumenta (o disminuye) por un número de veces, entonces el producto también aumentará (o disminuirá) por la misma cantidad de veces. Así, si en el ejemplo:

$$\frac{3}{5} \cdot \frac{4}{7} = \frac{12}{35}$$

aumentamos el multiplicando, digamos, por 2 veces, es decir, en lugar de $\frac{3}{5}$ tomamos $\frac{3}{5} + \frac{3}{5}$, entonces el nuevo producto representará $\frac{4}{7}$ de no la fracción $\frac{3}{5}$, sino de esa fracción repetida como sumando 2 veces; por lo tanto, el nuevo producto debe ser mayor que el anterior por 2 veces. Y de hecho, $\frac{6}{5} \cdot \frac{4}{7} = \frac{24}{35}$; $\frac{24}{35}$ es 2 veces mayor que $\frac{12}{35}$. Aumentemos en el mismo ejemplo el multiplicador, digamos, por 3 veces, es decir, en lugar de $\frac{4}{7}$ tomamos $\frac{4}{7} + \frac{4}{7} + \frac{4}{7}$; entonces el nuevo producto representará no $\frac{4}{7}$ del multiplicando, sino $\frac{4}{7}$ de él, repetido 3 veces; por lo tanto, el nuevo producto debe ser mayor que el anterior por 3 veces. Y de hecho, $\frac{3}{5} \cdot \frac{12}{7} = \frac{36}{35}$; $\frac{36}{35}$ es 3 veces mayor que $\frac{12}{35}$.

§ 146. Producto de tres o más fracciones. Supongamos que se nos dan tres fracciones para multiplicar: $\frac{2}{3} \cdot \frac{7}{8} \cdot \frac{5}{6}$, donde se asume que las operaciones de multiplicación deben realizarse en la secuencia en que están escritos los factores, es decir, $\frac{2}{3}$ debe multiplicarse por $\frac{7}{8}$, y luego el producto resultante debe multiplicarse por $\frac{5}{6}$.

Multiplicando las primeras dos fracciones, obtenemos $\frac{2 \cdot 7}{3 \cdot 8}$; multiplicando este número por la tercera fracción, encontramos $\frac{2 \cdot 7 \cdot 5}{3 \cdot 8 \cdot 6} = \frac{1 \cdot 7 \cdot 5}{3 \cdot 8 \cdot 3} = \frac{35}{72}$. Por lo tanto, para multiplicar varias fracciones, se deben multiplicar sus numeradores entre sí y sus denominadores entre sí, y hacer del primer producto el numerador y del segundo producto el denominador del producto.

Observación. Esta regla también se puede aplicar a productos en los que algunos factores son números enteros o mixtos, siempre que un número entero se considere como una fracción cuyo denominador es uno, y los números mixtos se conviertan en fracciones impropias. Por ejemplo: $\frac{3}{4} \cdot 5 \cdot 1\frac{5}{6} = \frac{3}{4} \cdot \frac{5}{1} \cdot \frac{11}{6} = \frac{3 \cdot 5 \cdot 11}{4 \cdot 1 \cdot 6} = \frac{5 \cdot 11}{4 \cdot 2} = \frac{55}{8} = 6\frac{7}{8}$.

§ 147. Propiedades fundamentales de la multiplicación. Las propiedades de la multiplicación que indicamos para números enteros (§ 56, 57, 59) pertenecen también a la multiplicación de números fraccionarios. Indiquemos estas propiedades.

1) El producto no cambia al intercambiar los lugares de los factores. Por ejemplo: $\frac{2}{3} \cdot \frac{5}{6} \cdot \frac{3}{4} = \frac{5}{6} \cdot \frac{3}{4} \cdot \frac{2}{3}$. De hecho, según la regla del párrafo anterior, el primer producto es igual a la fracción $\frac{2 \cdot 5 \cdot 3}{3 \cdot 6 \cdot 4}$, y el segundo es igual a la fracción $\frac{5 \cdot 3 \cdot 2}{6 \cdot 4 \cdot 3}$. Pero estas fracciones son iguales, porque sus términos difieren solo en el orden de los factores enteros, y el producto de números enteros no cambia cuando se intercambian los lugares de los factores.

2) El producto no cambiará si cualquier grupo de factores se reemplaza por su producto. Por ejemplo: $\frac{5}{6} \cdot \frac{3}{4} \cdot \frac{2}{7} \cdot \frac{1}{5} = \frac{5}{6} \cdot \frac{3}{4} \cdot \left(\frac{2}{7} \cdot \frac{1}{5}\right)$, porque $\frac{5}{6} \cdot \frac{3}{4} \cdot \frac{2}{7} \cdot \frac{1}{5} = \frac{5 \cdot 3 \cdot 2 \cdot 1}{6 \cdot 4 \cdot 7 \cdot 5}$ y $\frac{5}{6} \cdot \frac{3}{4} \cdot \left(\frac{2}{7} \cdot \frac{1}{5}\right) = \frac{5 \cdot 3}{6 \cdot 4} \cdot \frac{2 \cdot 1}{7 \cdot 5} = \frac{5 \cdot 3 \cdot (2 \cdot 1)}{6 \cdot 4 \cdot (7 \cdot 5)} = \frac{5 \cdot 3 \cdot 2 \cdot 1}{6 \cdot 4 \cdot 7 \cdot 5}$. Los resultados obtenidos son iguales.

De esta propiedad de la multiplicación, se puede sacar la siguiente conclusión: para multiplicar cualquier número por un producto, se puede multiplicar este número por el primer factor, multiplicar el número resultante por el segundo, y así sucesivamente. Por ejemplo:

$$10 \cdot \left(\tfrac{3}{4} \cdot \tfrac{5}{7}\right) = 10 \cdot \tfrac{3}{4} \cdot \tfrac{5}{7},$$

ya que según la propiedad 2), en el producto $10 \cdot (\frac{3}{4} \cdot \frac{5}{7})$ podemos reemplazar la multiplicación por el número entre paréntesis con la multiplicación sucesiva por $\frac{3}{4}$ y $\frac{5}{7}$.

3) La ley distributiva de la multiplicación (con respecto a la suma). Para multiplicar una suma por cualquier número, se puede multiplicar cada término por separado por este número y sumar los resultados.

Esta ley fue explicada por nosotros (§ 59) en aplicación a números enteros. Permanece válida sin cambios para números fraccionarios también. Mostremos, de hecho, que la igualdad $(a + b + c + \ldots)m = am + bm + cm + \ldots$ (la ley distributiva de la multiplicación con respecto a la suma) permanece válida también cuando las letras denotan números fraccionarios. Consideremos tres casos.

1) Supongamos primero que el multiplicador m es un número entero, por ejemplo $m = 3$ (a, b, c: cualesquiera números). Según la definición de multiplicación por un número entero, podemos escribir (limitándonos para simplificar a tres términos):

$$(a + b + c) \cdot 3 = (a + b + c) + (a + b + c) + (a + b + c).$$

Sobre la base de la ley asociativa de la suma, podemos omitir todos los paréntesis en el lado derecho; aplicando entonces la ley conmutativa de la suma, y luego la ley asociativa nuevamente, podemos, evidentemente, reescribir el lado derecho de la siguiente manera:

$$(a + a + a) + (b + b + b) + (c + c + c).$$

Entonces obtenemos:

$$(a + b + c) \cdot 3 = a \cdot 3 + b \cdot 3 + c \cdot 3.$$

Por lo tanto, la ley distributiva en este caso se confirma.

2) Ahora supongamos que el multiplicador m es una fracción con numerador uno, por ejemplo m = $\frac{1}{8}$. Multiplicar $a + b + c$ por $\frac{1}{8}$ significa encontrar la $\frac{1}{8}$ parte de esta suma. Esta parte es igual a $\frac{a}{8} + \frac{b}{8} + \frac{c}{8}$, como podemos verificar si multiplicamos esta expresión por 8. De hecho, dado que

8 es un número entero, entonces, por lo que se demostró en el primer caso, después de la multiplicación obtenemos:

$$\frac{a}{8} \cdot 8 + \frac{b}{8} \cdot 8 + \frac{c}{8} \cdot 8,$$

lo que equivale a

$$a + b + c.$$

Por lo tanto, la octava parte de esta suma es efectivamente igual a

$$\frac{a}{8} + \frac{b}{8} + \frac{c}{8},$$

lo que también se puede escribir como:

$$a \cdot \frac{1}{8} + b \cdot \frac{1}{8} + c \cdot \frac{1}{8}.$$

Por lo tanto,

$$(a + b + c) \cdot \frac{1}{8} = a \cdot \frac{1}{8} + b \cdot \frac{1}{8} + c \cdot \frac{1}{8}.$$

Vemos que la ley distributiva se confirma en este caso también.

3) Finalmente, supongamos que el multiplicador m es una fracción con cualquier numerador, por ejemplo $m = \frac{9}{8}$ (esto también incluye el caso donde m es un número mixto). Multiplicar la suma $a + b + c$ por $\frac{9}{8}$ significa encontrar $\frac{9}{8}$ de esta suma, para lo cual basta multiplicar una octava parte de ella por 9. Pero $\frac{1}{8}$ de la suma, como acabamos de comprobar, es igual a $\frac{a}{8} + \frac{b}{8} + \frac{c}{8}$; por lo tanto, $\frac{9}{8}$ de ella será:

$$\left(\frac{a}{8} + \frac{b}{8} + \frac{c}{8}\right) \cdot 9,$$

lo que, según el primer caso, es igual a

$$\frac{a}{8} \cdot 9 + \frac{b}{8} \cdot 9 + \frac{c}{8} \cdot 9,$$

es decir,

$$a \cdot \frac{9}{8} + b \cdot \frac{9}{8} + c \cdot \frac{9}{8}.$$

Por lo tanto,

$$(a + b + c) \cdot \frac{9}{8} = a \cdot \frac{9}{8} + b \cdot \frac{9}{8} + c \cdot \frac{9}{8}.$$

Así, la ley distributiva se confirma en todos los casos.

Encontrar un número desconocido a partir de una magnitud dada de su fracción

19)

§ 148. Problemas y regla. Antes de pasar a la división de números fraccionarios, es útil considerar cómo se puede encontrar un número desconocido si se da la magnitud de alguna de sus fracciones.

Para mayor claridad, presentaremos esta pregunta a través de los siguientes problemas simples.

Modifiquemos los problemas dados en § 137 de la siguiente manera:

Problema 1. Un tren, moviéndose uniformemente, recorrió una distancia de 35 km en $\frac{7}{8}$ de hora. ¿Cuántos kilómetros recorre este tren en una hora?

Por supuesto, el tren recorre en una hora un número de kilómetros, $\frac{7}{8}$ de los cuales constituyen 35 km. Por lo tanto, en este problema se nos da una cantidad (35 km) igual a siete octavos de un número desconocido, y se nos pide encontrar ese número.

Dado que 35 km constituyen $\frac{7}{8}$ del número desconocido, entonces al reducir 35 km por un factor de 7, encontramos $\frac{1}{8}$ de este número desconocido, y luego al aumentar el resultado por un factor de 8, obtenemos $\frac{8}{8}$ de él, es decir, el número completo. Para mayor claridad, expresemos nuestro razonamiento en una notación más detallada:

$\frac{7}{8}$ del número desconocido constituyen 35;
$\frac{1}{8}$ de él constituyen $\frac{35}{7}$;
$\frac{8}{8}$ de él constituyen $\frac{35\cdot 8}{7} = \frac{5\cdot 8}{1} = 40$.

Por lo tanto, el tren recorre 40 km en una hora.

Problema 2. $1\,\frac{3}{4}$ metros de tela cuestan $32\,\frac{3}{8}$ rublos. ¿Cuántos rublos cuesta 1 m de esta tela?

Dado que $1\,\frac{3}{4}$ metros $= \frac{7}{4}$ metros, y estos $\frac{7}{4}$ metros cuestan $32\,\frac{3}{8}$ rublos, entonces al reducir $32\,\frac{3}{8}$ rublos por un factor de 7, aprendemos el costo de $\frac{1}{4}$ de metro, y luego al aumentar este costo por un factor de 4, encontramos el precio de un metro completo. Expresemos esto en una notación detallada:

$\frac{7}{4}$ metros cuestan $32\frac{3}{8}$ rublos $= \frac{259}{8}$ rublos;
$\frac{1}{4}$ de él cuestan $\frac{259}{8\cdot 7}$ rublos;
$\frac{4}{4}$ de él cuestan $\frac{259\cdot 4}{8\cdot 7} = 18\frac{1}{2}$ rublos.

Problema 3. Encontrar un número, $\frac{8}{3}$ del cual constituyen $2\frac{2}{9}\left(=\frac{20}{9}\right)$:

$\frac{8}{3}$ del número desconocido constituyen $\frac{20}{9}$;
$\frac{1}{3}$ de él constituyen $\frac{20}{9\cdot 8}$;
$\frac{3}{3}$ de él constituyen $\frac{20\cdot 3}{9\cdot 8} = \frac{5}{6}$.

De estos problemas derivamos la regla: para encontrar un número desconocido a partir de un valor dado de su fracción, basta con disminuir este valor tantas veces

[19] Nota editorial: se restituye desde la fuente canónica auditada el texto omitido al final del § 147 y al inicio del § 148; la fuente congelada no se modificó.

como unidades haya en el numerador de la fracción, y aumentar el resultado tantas veces como unidades haya en el denominador de la fracción.

§ 149. Encontrar un número a partir de sus porcentajes dados. Supongamos que se da que el 18% de algún número es $14\frac{2}{5}$; para encontrar este número, notamos que $14\frac{2}{5}$ constituyen $\frac{18}{100}$ de este número; por lo tanto, según la regla de § 48, el número desconocido se obtendrá si $14\frac{2}{5} = \frac{72}{5}$ se divide por 18 $\left(\text{obtenemos } \frac{4}{5}\right)$ y el resultado se multiplica por 100 (obtenemos 80).

Consideremos dos problemas.

Problema 1. El ingreso de un depositante de una caja de ahorros durante 4 años ascendió a 12 r. 84 k. Encuentre el monto del depósito.[20)]

Solución. El ingreso durante 4 años ascendió a 12 r. 84 k., o 1284 kopeks. Por lo tanto, el ingreso por 1 año es $1284 : 4 = 321$ (kopeks). Dado que la caja de ahorros paga un 3% de ingreso anual, 321 kopeks constituyen el 3% del monto del depósito. Para encontrar el monto del depósito, debemos, según la regla del párrafo anterior, dividir este número por 3 y multiplicar el resultado por 100:
$\frac{321}{3} \cdot 100 = 10700$ (= 107 rublos).

Problema 2. La población de una ciudad es de 134 400 personas. Desde el tiempo de la Gran Revolución Socialista de Octubre ha crecido en un 60%. ¿Cuántos habitantes había en la ciudad antes de la revolución?

Solución. Al número desconocido de habitantes se le añadió el 60% de este número. Dado que cada número constituye el 100% (cien centésimas partes) de sí mismo, entonces el nuevo número de habitantes (134 400) constituye el 160% de su número anterior. Por lo tanto, para encontrar el número anterior de habitantes, debemos, según la regla de § 48, dividir el número 134 400 por 160 y multiplicar el resultado por 100:

$$\frac{134\,400}{160} \cdot 100 = 84\,000 \text{ (personas)}.$$

División de números fraccionarios

§ 150. Definición. La división es una operación (inversa a la multiplicación) que consiste en lo siguiente: dado el producto de dos factores (el dividendo) y uno de estos factores (el divisor), se busca el otro factor (el cociente). Por ejemplo, dividir $\frac{7}{8}$ entre $\frac{3}{5}$ significa encontrar un número que, al multiplicarse por $\frac{3}{5}$, dé $\frac{7}{8}$; o encontrar un número por el cual se debe multiplicar $\frac{3}{5}$ para obtener $\frac{7}{8}$. En el primer caso, el cociente representa el multiplicando buscado; en el segundo caso, el multiplicador buscado. Como el multiplicando y el multiplicador pueden intercambiarse, la magnitud del cociente no depende de si este cociente representa el multiplicando o el multiplicador.

Observaciones.

1) En la aritmética de números enteros, esta definición se aplica solo a la división sin residuo; pero en la aritmética de números fraccionarios, esta definición, como veremos, se aplica siempre, excepto en el caso en que el divisor es igual a cero.

[20)] Aquí se supone que al final de cada año el depositante retira su ingreso del banco, por lo que el monto del depósito para el siguiente año permanece igual.

2) Al dividir por una fracción propia, el número aumenta, y al dividir por una fracción impropia, el número disminuye si esta fracción impropia es mayor que la unidad, y permanece sin cambio si es igual a la unidad. Por ejemplo, el cociente $5 : \frac{7}{8}$ debe ser mayor que 5, porque este cociente, multiplicado por $\frac{7}{8}$, debe dar 5; y como al multiplicar por $\frac{7}{8}$, como sabemos, cualquier número disminuye, este cociente debe ser mayor que 5. De la misma manera se explica que el cociente $5 : \frac{9}{8}$ debe ser menor que 5 (ya que al multiplicar por $\frac{9}{8}$ este cociente, al aumentar, debe dar el número 5).

§ 151. Deducción de las reglas de división. [21] En la división pueden presentarse los siguientes 5 casos.

1) División de un número entero entre un número entero. Tal división fue considerada en la aritmética de números enteros. Pero allí la división exacta no siempre era posible, ya que el dividendo no siempre es el producto del divisor por un número entero; por lo tanto, en el caso general, se tenía que considerar la división con residuo. Ahora, al admitir la multiplicación por una fracción, podemos considerar que todo caso de división de números enteros es posible, excepto la división entre cero, que sigue siendo imposible. Por ejemplo, se requiere dividir 5 entre 7, es decir, encontrar un número cuyo producto con 7 dé 5. Tal número es la fracción $\frac{5}{7}$, porque $\frac{5}{7} \cdot 7 = 5$. De la misma manera, $20 : 7 = \frac{20}{7}$, porque $\frac{20}{7} \cdot 7 = 20$.

Regla 1. Para dividir un número entero entre un número entero, se debe formar una fracción cuyo numerador sea igual al dividendo y cuyo denominador sea el divisor. Notamos que en el dominio de los números enteros, la división sin residuo se llama también división "exacta", ya que en el cociente se obtiene un número entero y no una fracción.

2) División de una fracción entre un número entero. Se requiere dividir $\frac{8}{9}$ entre 4, es decir, encontrar un número que, al multiplicarse por 4, dé $\frac{8}{9}$. Como al multiplicar por 4 cualquier número aumenta 4 veces, entonces el número buscado, aumentado 4 veces, debe ser $\frac{8}{9}$, y por lo tanto, para encontrarlo, basta con disminuir la fracción $\frac{8}{9}$ 4 veces. Para disminuir una fracción 4 veces, se debe disminuir su numerador 4 veces o aumentar su denominador 4 veces (§ 127). Por lo tanto, $\frac{8}{9} : 4 = \frac{8:4}{9} = \frac{2}{9}$, o $\frac{8}{9} : 4 = \frac{8}{9 \cdot 4} = \frac{8}{36} = \frac{2}{9}$.

Regla 2. Para dividir una fracción entre un número entero, se debe dividir el numerador de la fracción entre este número entero (si es posible), manteniendo el mismo denominador, o multiplicar el denominador de la fracción por este número entero, manteniendo el mismo numerador.

3) División de un número entero entre una fracción. Se requiere dividir 3 entre $\frac{2}{5}$, es decir, encontrar un número que, al multiplicarse por $\frac{2}{5}$, dé 3. Como multiplicar un número por $\frac{2}{5}$ significa encontrar $\frac{2}{5}$ de ese número, entonces

[21] Nota editorial: en los ejemplos de división de números mixtos, la copia de la fuente separa algunos numerales debido a la extracción; la edición española restituye 23, 48, 31, 11 y 22, y registra la corrección. Además, la fuente impresa repite 1/11 en la última fila de la deducción; aquí se muestra 11/11, la totalidad de los onceavos, para conservar el resultado matemáticamente coherente.

$\frac{2}{5}$ del cociente desconocido son 3;
$\frac{1}{5}$ de él son $\frac{3}{2}$;
$\frac{5}{5}$ de él son $\frac{3}{2} \cdot 5 = \frac{3 \cdot 5}{2}$.

Por lo tanto, $3 : \frac{2}{5} = \frac{3 \cdot 5}{2} = \frac{15}{2} = 7\frac{1}{2}$.

Regla 3. Para dividir un número entero entre una fracción, se debe multiplicar este número entero por el denominador de la fracción dada y tomar este producto como numerador, y hacer el denominador el numerador de la fracción dada.

4) División de una fracción entre una fracción. Se requiere dividir $\frac{5}{6}$ entre $\frac{7}{11}$, es decir, encontrar un número que, al multiplicarse por $\frac{7}{11}$, dé $\frac{5}{6}$. Como multiplicar un número por $\frac{7}{11}$ significa encontrar $\frac{7}{11}$ de ese número, entonces

$\frac{7}{11}$ del cociente desconocido son $\frac{5}{6}$;
$\frac{1}{11}$ de él son $\frac{5}{6 \cdot 7}$;
$\frac{11}{11}$ de él son $\frac{5 \cdot 11}{6 \cdot 7}$.

Por lo tanto, $\frac{5}{6} : \frac{7}{11} = \frac{5 \cdot 11}{6 \cdot 7} = \frac{55}{42} = 1\frac{13}{42}$.

Regla 4. Para dividir una fracción entre una fracción, se debe multiplicar el numerador de la primera fracción por el denominador de la segunda, y el denominador de la primera fracción por el numerador de la segunda, y tomar el primer producto como numerador y el segundo como denominador.

Observación. Todos los casos anteriores también pueden subsumirse bajo esta regla, si se considera un número entero como una fracción con denominador uno. Así, $5 : 7 = \frac{5}{1} : \frac{7}{1} = \frac{5 \cdot 1}{1 \cdot 7} = \frac{5}{7}$; $\frac{8}{9} : 4 = \frac{8}{9} : \frac{4}{1} = \frac{8 \cdot 1}{9 \cdot 4} = \frac{8}{36} = \frac{2}{9}$; $3 : \frac{2}{5} = \frac{3}{1} : \frac{2}{5} = \frac{3 \cdot 5}{1 \cdot 2} = \frac{15}{2} = 7\frac{1}{2}$.

Así, la regla para dividir fracciones en todos los casos puede expresarse mediante la siguiente igualdad literal

$$\frac{a}{b} : \frac{c}{d} = \frac{ad}{bc}.$$

5) División de números mixtos.

Regla 5. Para dividir números mixtos, se deben convertir en fracciones impropias y luego dividir según las reglas de división de fracciones. Por ejemplo:

$$8 : 3\frac{5}{6} = 8 : \frac{23}{6} = \frac{8 \cdot 6}{23} = \frac{48}{23} = 2\frac{2}{23};$$

$$7\frac{3}{4} : 5\frac{1}{2} = \frac{31}{4} : \frac{11}{2} = \frac{31 \cdot 2}{4 \cdot 11} = \frac{31}{22} = 1\frac{9}{22}.$$

§ 152. Sustitución de la división por multiplicación. [22] Si en una fracción dada intercambiamos el numerador con el denominador, entonces la fracción obtenida después de este intercambio se llama recíproca de la dada. Así, para $\frac{7}{8}$ la fracción recíproca será $\frac{8}{7}$. Un número entero también tiene una fracción recíproca; por ejemplo, para 5 o para $\frac{5}{1}$ la fracción recíproca será $\frac{1}{5}$. Por lo tanto, las fracciones recíprocas

[22] Nota editorial: la extracción congelada presenta con llaves incorrectas la identidad del recíproco de 7/8; la edición española muestra $1/(7/8) = 8/7$ y registra la corrección editorial.

se llaman más convenientemente números recíprocos. El número recíproco de un número dado también puede definirse como el cociente de dividir la unidad entre el número dado. Así, el número recíproco de $\frac{7}{8}$ es

$$\frac{1}{\frac{7}{8}} = \frac{8}{7}.$$

Según esta definición, también se pueden encontrar números recíprocos para números mixtos. Así, para el número $4\frac{5}{8}$ el número recíproco será

$$\frac{1}{4\frac{5}{8}} = \frac{1}{\frac{37}{8}} = \frac{8}{37}.$$

Es evidente que el producto de cualquier número por su número recíproco es igual a la unidad. Habiendo acordado esto, podemos enunciar la siguiente regla de división: para dividir un número entre otro, se puede multiplicar el dividendo por el número recíproco del divisor.

La corrección de esta regla se verifica fácilmente con los siguientes ejemplos:

$$8 : 9 = \tfrac{8}{9} \text{ y } 8 \cdot \tfrac{1}{9} = \tfrac{8}{9};$$

$\frac{7}{8} : 5 = \frac{7}{40}$ y $\frac{7}{8} \cdot \frac{1}{5} = \frac{7}{40}$; $\frac{2}{7} : \frac{3}{5} = \frac{10}{21}$ y $\frac{2}{7} \cdot \frac{5}{3} = \frac{10}{21}$; $5 : \frac{7}{8} = \frac{40}{7}$ y $5 \cdot \frac{8}{7} = \frac{40}{7}$; $5 : 3\frac{1}{3} = \frac{3}{2}$ y $5 \cdot \frac{1}{3\frac{1}{3}} = \frac{3}{2}$.

§ 153. Simplificación en la división. Al dividir números fraccionarios, si es posible, se debe hacer una simplificación previa, como se muestra en los siguientes ejemplos:

$$1)\ 12 : \tfrac{8}{11} = (12 \cdot 11)/8 = (3 \cdot 11)/2 = \tfrac{33}{2} = 16\,\tfrac{1}{2};$$

2) $\frac{8}{9} : \frac{6}{7} = (8 \cdot 7)/(9 \cdot 6) = (4 \cdot 7)/(9 \cdot 3) = \frac{28}{27} = 1\,\frac{1}{27}$; 3) $\frac{5}{12} : \frac{7}{18} = (5 \cdot 18)/(12 \cdot 7) = (5 \cdot 3)/(2 \cdot 7) = \frac{15}{14} = 1\,\frac{1}{14}$.

Tal simplificación es posible porque el valor de una fracción no cambia si su numerador y denominador se reducen en la misma cantidad de veces.

§ 154. Cómo dividir entre un producto. Esa propiedad de la división (sin residuo) que indicamos para los números enteros (§ 76) pertenece también a los números fraccionarios, a saber: para dividir un número entre un producto de varios factores, se puede dividir este número entre el primer factor, dividir el resultado obtenido entre el segundo factor, y así sucesivamente. Así, $10 : (\frac{2}{3} \cdot \frac{5}{7}) = 10 : \frac{2}{3} : \frac{5}{7}$, porque según las reglas de multiplicación y división de fracciones obtenemos: $10 : (\frac{2}{3} \cdot \frac{5}{7}) = 10 : (2 \cdot 5)/(3 \cdot 7) = (10 \cdot (3 \cdot 7))/(2 \cdot 5) = (10 \cdot 3 \cdot 7)/(2 \cdot 5)$,

$$10 : \tfrac{2}{3} : \tfrac{5}{7} = (10 \cdot 3)/2 : \tfrac{5}{7} = (10 \cdot 3 \cdot 7)/(2 \cdot 5),$$

es decir, obtenemos el mismo número, ya sea dividiendo de una vez entre el producto o dividiendo sucesivamente entre cada factor.

§ 155. Cambio del cociente con el cambio de los números dados. Cuando el dividendo o el divisor cambian, el cociente de la división de números fraccionarios cambia exactamente de la misma manera que el cociente de la división de números enteros (§ 77), a saber:

si el dividendo aumenta (o disminuye) varias veces, entonces el cociente aumenta (o disminuye) la misma cantidad de veces; si el divisor aumenta (o disminuye) varias veces, entonces el cociente disminuye (o aumenta) la misma cantidad de veces.

Prestemos especial atención al hecho de que si tanto el dividendo como el divisor aumentan o disminuyen la misma cantidad de veces, entonces el cociente no cambia; así, si en el ejemplo $\frac{5}{6} : \frac{7}{11} = \frac{55}{42}$ aumentamos el dividendo y el divisor, digamos, 3 veces, obtenemos:

$$\frac{15}{6} : \frac{21}{11} = \frac{15 \cdot 11}{6 \cdot 21} = \frac{5 \cdot 11}{6 \cdot 7} = \frac{55}{42};$$

el cociente sigue siendo el mismo.

En forma general, esto puede expresarse de la siguiente manera:

$$\frac{a}{b} = \frac{am}{bm} = \frac{a : m}{b : m}.$$

§ 156. Razón de dos números. Después de la introducción de los números fraccionarios, la división, como hemos visto, se convierte en una operación siempre posible (excepto la división entre cero). Por lo tanto, si se dan dos números, entonces existe el cociente de dividir el primer número entre el segundo (siempre que el segundo número no sea cero).

El cociente de dividir un número entre otro también se llama razón de estos números. El primer número (el dividendo) se llama término antecedente de la razón; el segundo número (el divisor) se llama término consecuente de la razón.

Así, la razón de los números $2\frac{1}{2}$ y $\frac{1}{7}$ es el cociente

$$\frac{2\frac{1}{2}}{\frac{1}{7}} = \frac{35}{2} = 17\frac{1}{2};$$

$2\frac{1}{2}$ es el término antecedente de esta razón, $\frac{1}{7}$ su término consecuente. Si la razón de dos números es un número entero, entonces muestra cuántas veces el término consecuente está contenido en el antecedente [23]; y aún entonces hablamos de esta manera si la razón es un número fraccionario; así, en el ejemplo considerado, decimos que el número $\frac{1}{7}$ está contenido en el número $2\frac{1}{2}$ diecisiete veces y media.

En aplicaciones, a menudo se tiene que considerar la razón de dos números denominados de la misma denominación. Se requiere, por ejemplo, encontrar cuántas veces $4\,\frac{1}{4}$ kg excede a $2\,\frac{1}{2}$ kg. La respuesta está dada por la razón de los números $4\,\frac{1}{4}$ y $2\,\frac{1}{2}$; pero los términos de esta razón a menudo se escriben junto con su denominación, es decir,

[23] Así, en § 108 ya llamamos razón de dos medidas homogéneas al número que muestra cuántas veces la medida menor está contenida en la mayor.

$4\frac{1}{4}$ kg ——— $= 1\frac{7}{10}$; $2\frac{1}{2}$ kg el número $1\frac{7}{10}$ mismo siendo abstracto, ya que muestra cuántas veces un peso está contenido en otro.

Como la razón de números es el cociente de estos números, en el cual el dividendo es el término antecedente y el divisor el término consecuente, posee todas las propiedades de un cociente; de estas propiedades, recordemos las siguientes:

1) el término antecedente de una razón puede ser cualquier número; el término consecuente puede ser cualquier número excepto cero;

2) el término antecedente es igual al término consecuente multiplicado por la razón;

3) el término consecuente es igual al término antecedente dividido entre la razón;

4) la razón no cambia si ambos términos se multiplican o dividen entre el mismo número.

De la propiedad 4) se sigue que una razón con términos fraccionarios puede ser reemplazada por una razón de números enteros. Sea, por ejemplo, la razón $\frac{5}{12} : \frac{3}{8}$; multiplicando ambos términos de esta razón por el mínimo común denominador de las fracciones dadas, es decir, por 24, reemplazamos la razón dada por la razón igual 10 : 9, cuyos términos son ya números enteros.

De manera similar,

$3\frac{1}{4} : \frac{5}{6} = \frac{13}{4} : \frac{5}{6} = (\frac{13}{4} \cdot 12) : (\frac{5}{6} \cdot 12) = 39 : 10.$

Observaciones.

1. La razón de dos números, como la hemos definido, a veces se llama razón múltiple, o geométrica, en distinción de la razón diferencial, o aritmética, de dos números, que se define como la diferencia de estos números. En adelante, por razón siempre entenderemos la razón múltiple.

2. Si se intercambian los términos de una razón, es decir, el término antecedente se hace consecuente y viceversa, entonces la nueva razón obtenida se llama inversa de la anterior.

3. La razón de números denominados siempre puede ser reemplazada por la razón de números abstractos. Para esto basta expresar los números denominados en la misma unidad y tomar la razón de los números abstractos resultantes. Por ejemplo, la razón de 10 t 5 c a 7 c es igual a la razón de 105 c a 7 c, y esta razón es igual a la razón de los números abstractos 105 a 7. En operaciones con números denominados, la razón usualmente se llama solo el cociente de la división de dos números denominados homogéneamente.

§ 157. Razón porcentual de dos números. Supongamos que se requiere encontrar qué porcentaje del número 250 constituye el número $42\frac{1}{2}$. Un por ciento del número 250 es $\frac{250}{100}$; por lo tanto, el número $42\frac{1}{2}$ constituye tantos por ciento del número 250 como el número de veces que $\frac{250}{100}$ está contenido en $42\frac{1}{2}$, es decir,

$42\frac{1}{2} : \frac{250}{100} = (42\frac{1}{2} \ / \ 250) \cdot 100 = 17$ (%).

El número que muestra qué porcentaje constituye un número dado de otro número se llama razón porcentual de estos números. El ejemplo considerado muestra que para encontrar la razón porcentual de dos números, se debe multiplicar la razón de estos números por 100.

Se puede llegar a la misma conclusión por otro camino. Para encontrar qué porcentaje del número 250 constituye el número $42\frac{1}{2}$, se debe expresar la razón $42\frac{1}{2}/250$ en porcentajes, es decir, en centésimas. Pero para encontrar cuántas centésimas están contenidas en un número dado, se debe multiplicar este número por 100 (así, en el número 5 hay $5 \cdot 100 = 500$ centésimas, en el número $\frac{1}{2}$ hay $\frac{1}{2} \cdot 100 = 50$ centésimas, y así sucesivamente). Por lo tanto, el número $42\frac{1}{2}/250$ constituye $(42\frac{1}{2} \ / \ 250) \cdot 100 = 17$ centésimas, es decir, 17 por ciento.

Consideremos dos problemas.

Problema 1. Una finca tiene 80 000 ha de tierra, de las cuales 69 200 ha están sembradas con trigo. ¿Qué porcentaje del área total ocupan los campos de trigo?

Para resolver el problema, se debe encontrar qué porcentaje del número 80 000 constituye el número 69 200. En otras palabras, se debe encontrar la razón porcentual de los números 69 200 y 80 000. Según la regla establecida, encontramos:

$$\frac{69\,200}{80\,000} \cdot 100 = 86\frac{1}{2} (\%).$$

Problema 2. De 325 kg de harina se obtienen 429 kg de pan. Encontrar el porcentaje de aumento de peso (ganancia de cocción).

Solución. El aumento de peso es de $429 - 325 = 104$ kg. Para resolver el problema, se debe encontrar la razón porcentual de los números 104 y 325; según la regla establecida, encontramos:

$$\frac{104}{325} \cdot 100 = 32\%.$$

Sección V
FRACCIONES DECIMALES

I. Propiedades fundamentales de las fracciones decimales

§ 158. Partes decimales. Las partes que se obtienen al dividir una unidad en 10, en 100, en 1000, en general en un número de partes iguales que se expresa con una unidad seguida de uno o varios ceros, se llaman partes decimales. Así, las partes decimales, que disminuyen sucesivamente, serán las siguientes:

$$\frac{1}{10},\quad \frac{1}{100},\quad \frac{1}{1000},\quad \frac{1}{10000},\quad \frac{1}{100000},\quad \frac{1}{1000000}\quad \text{y así sucesivamente.}$$

De dos partes decimales desiguales, la mayor se llama parte decimal de orden superior, y la menor, parte decimal de orden inferior. Cada parte decimal contiene en sí 10 partes decimales del siguiente orden inferior. Así,

$$\frac{1}{10}=\frac{10}{100},\quad \frac{1}{100}=\frac{10}{1000},\quad \frac{1}{1000}=\frac{10}{10000}\quad \text{y así sucesivamente.}$$

§ 159. Fracción decimal. Una fracción cuyo denominador es una unidad seguida de uno o varios ceros se llama fracción decimal; tales son, por ejemplo, las fracciones:

$$\frac{3}{10},\quad \frac{27}{100},\quad \frac{27401}{1000},\quad 3\frac{1}{1000}\quad \text{y otras similares.}$$

A diferencia de las fracciones decimales, las fracciones que tienen denominadores cualesquiera se llaman fracciones comunes o simples.

§ 160. Cifras decimales. En la representación numérica de un número entero, de dos cifras adyacentes, la de la derecha siempre representa unidades 10 veces menores que la de la izquierda. Convengamos en extender este significado de las posiciones también a aquellas cifras que pueden escribirse a la derecha de las unidades simples. Supongamos, por ejemplo, que en la siguiente notación:

$$63.48259\ldots$$

la cifra 3 representa unidades simples. Entonces, la cifra 4 representa unidades 10 veces menores que las unidades simples, es decir, décimas; 8 representa centésimas, 2 milésimas, 5 diezmilésimas, 9 cienmilésimas, y así sucesivamente. Para no equivocarnos en el significado de las posiciones, convengamos en separar con un punto la parte entera de las partes decimales. En las posiciones de las partes que faltan, así como en la posición de la parte entera cuando no existe, pondremos ceros. Por ejemplo, bajo estas condiciones, la expresión 0.0203 significa: 2 centésimas y 3 diezmilésimas. De manera similar, 25.703 significa 25 enteros, 7 décimas y 3 milésimas; 0.82 significa 8 décimas y 2 centésimas, etc. Las cifras que están a la derecha del punto decimal se llaman cifras decimales.

§ 161. Representación de una fracción decimal sin denominador. Toda fracción decimal puede escribirse sin denominador. Supongamos, por ejemplo, que se da la fracción decimal $\frac{32736}{1000}$. Primero separamos la parte entera, obteniendo $32\frac{736}{1000}$. Ahora representamos esta fracción así:

$$\frac{32736}{1000} = 32 + \frac{700}{1000} + \frac{30}{1000} + \frac{6}{1000} = 32 + \frac{7}{10} + \frac{3}{100} + \frac{6}{1000}.$$

Por lo tanto, esta fracción puede representarse de la siguiente manera:

$$\frac{32736}{1000} = 32.736.$$

Esto se puede verificar fácilmente convirtiendo en el número 32.736 las unidades enteras y todas las partes decimales en las partes más pequeñas (milésimas), lo cual se hace más fácilmente así: como una unidad entera contiene 10 décimas, 32 unidades enteras equivalen a 320 décimas; sumando 7 décimas, obtenemos 327 décimas. Como una décima contiene 10 centésimas, 327 décimas equivalen a 3270 centésimas; sumando 3 centésimas, obtenemos 3273 centésimas. Como 1 centésima = 10 milésimas, 3273 centésimas equivalen a 32730 milésimas; sumando 6 milésimas, obtenemos la fracción dada: 32736 milésimas. Supongamos que se da la fracción decimal $\frac{578}{100000}$, en la cual no hay parte entera. Esta fracción puede representarse así:

$$\frac{578}{100000} = \frac{500}{100000} + \frac{70}{100000} + \frac{8}{100000} = \frac{5}{1000} + \frac{7}{10000} + \frac{8}{100000}.$$

Por lo tanto, esta fracción se representará de la siguiente manera:

$$\frac{578}{100000} = 0.00578.$$

Regla. Para escribir una fracción decimal sin denominador, basta escribir su numerador y separar con un punto a la derecha tantas cifras decimales como ceros tenga el denominador (para lo cual a veces es necesario agregar varios ceros a la izquierda del numerador).

En lo que sigue, siempre supondremos (a menos que se indique lo contrario) que la fracción decimal está escrita sin denominador.

Observación. Agregar ceros a la derecha o a la izquierda de una fracción decimal (escrita sin denominador) no cambia su valor. Por ejemplo, cada uno de los números:

7.05; 7.0500; 007.05

expresa el mismo número: 7 enteros y 5 centésimas, ya que 500 diezmilésimas equivalen a 5 centésimas, y 007 simplemente expresa 7.

§ 162. Cómo se lee una fracción decimal. Primero se lee la parte entera (y cuando no existe, se dice: "cero enteros"), luego se lee el número escrito después del punto como si fuera un número entero, y se añade el nombre de las partes con las que termina la representación decimal de la fracción; por ejemplo, 0.00378 se lee: 0 enteros 378 cienmilésimas. Por lo tanto, una fracción decimal escrita sin denominador se lee como si estuviera representada mediante un numerador y un denominador.

Sin embargo, se prefiere leer de otra manera una fracción decimal que tiene muchas cifras decimales: se dividen todas las cifras decimales, comenzando desde el punto, en grupos de 3 cifras cada uno (excepto el último, que puede tener una o dos cifras); luego se lee cada grupo como un número entero, añadiendo al nombre del número del primer grupo la palabra "milésimas", al del segundo grupo "millonésimas", al del tercero "milmillonésimas", y así sucesivamente; al nombre del número del último grupo se añade el nombre de las partes expresadas por la última cifra de la fracción. Así, la fracción

$$0.028\,306\,000\,07$$

se lee así: 0 enteros 28 milésimas 306 millonésimas 07 cienmilmillonésimas.

§ 163. Comparación de fracciones decimales por magnitud. Supongamos que deseamos saber cuál de los siguientes números es mayor:

$$0.735 \quad \text{o} \quad 0.7348.$$

Para ello, al número que tiene menos cifras decimales le agregamos (aunque sea solo mentalmente) a la derecha tantos ceros como sean necesarios para que ambos números tengan el mismo número de cifras decimales:

$$0.7350; \quad 0.7348.$$

Ahora vemos que el primer número contiene 7350 diezmilésimas, y el segundo contiene 7348 diezmilésimas; los denominadores de las fracciones son iguales; por lo tanto, será mayor aquella cuyo numerador sea mayor: como 7350 es mayor que 7348, el primer número es mayor que el segundo.

De manera similar, es fácil verificar que

$$3.01 > 2.998; \quad 3.7 > 3.6874; \quad 3.64 < 3.6985 \quad \text{y así sucesivamente.}$$

Regla. De dos fracciones decimales, es mayor aquella que tiene más unidades enteras; si las unidades enteras son iguales, es mayor aquella que tiene más décimas; si las unidades enteras y las décimas son iguales, es mayor aquella que tiene más centésimas, y así sucesivamente.

§ 164. Cambio en la magnitud de una fracción decimal al mover el punto decimal. Movamos el punto decimal en el número 3.274 un lugar hacia la derecha; entonces obtenemos el nuevo número: 32.74. En el primer número, la cifra 3 representa unidades simples, y en el segundo representa decenas; por lo tanto, su valor ha aumentado 10 veces. La cifra 2 representa décimas en el primer número, y unidades simples en el segundo; por lo tanto, su valor también ha aumentado 10 veces. También veremos que el valor de las demás cifras ha aumentado 10 veces. Así:

al mover el punto decimal un lugar hacia la derecha, una fracción decimal aumenta 10 veces.

De esto se deduce que al mover el punto decimal dos lugares hacia la derecha, una fracción decimal aumenta 100 veces, tres lugares — 1000 veces, y así sucesivamente.

Por el contrario: al mover el punto decimal un lugar hacia la izquierda, una fracción decimal disminuye 10 veces.

Por lo tanto, al mover el punto decimal dos lugares hacia la izquierda, la fracción disminuye 100 veces, tres lugares — 1000 veces, y así sucesivamente.

§ 165. Aumento o disminución de una fracción decimal en 10 veces, 100 veces, 1000 veces, etc. Supongamos que se requiere aumentar el número 0.02 en 10000 veces. Para ello, basta mover el punto decimal cuatro lugares hacia la derecha. Pero en el número dado solo hay dos cifras decimales. Para que haya cuatro cifras, agregamos dos ceros a la derecha, lo cual no cambia el valor del número. Luego, moviendo el punto decimal al final del número, obtenemos el número entero 0200, o simplemente 200.

Supongamos que se requiere disminuir el mismo número 0.02 en 100 veces. Para ello, basta mover el punto decimal dos lugares hacia la izquierda. Pero en el número dado solo hay una cifra a la izquierda del punto decimal. Agregamos dos ceros a la izquierda, lo cual no cambia el valor del número. Luego, moviendo el punto decimal dos lugares hacia la izquierda, obtenemos 0.0002. Todo número entero puede considerarse como una fracción decimal que tiene tantos ceros a la derecha del punto decimal como se desee; por lo tanto, el aumento y la disminución de un número entero en 10 veces, 100 veces, 1000 veces, etc., se realiza de la misma manera que con una fracción decimal. Por ejemplo, si disminuimos el número entero 567.000... en 100 veces, obtenemos 5.67.

Observación. La propiedad indicada de una fracción decimal — cambiar su magnitud en 10 veces, 100 veces, etc., al mover el punto decimal — permite realizar rápidamente la conversión y reducción de un número denominado expresado en medidas métricas. Supongamos, por ejemplo, que se requiere expresar el número denominado compuesto 3 metros 8 decímetros 4 centímetros en metros. Como un decímetro es la décima parte de un metro, y un centímetro es la centésima parte de un metro, es evidente que el número denominado compuesto dado se expresará en metros así: 3.84 metros. Moviendo el punto decimal en esta fracción decimal hacia la derecha, encontramos que 3.84 metros = 38.4 decímetros = 384 centímetros. Supongamos también que se requiere convertir el número denominado simple 8746 miligramos en un número compuesto (es decir, expresarlo en medidas de órdenes superiores). Como un gramo equivale a 1000 miligramos, 8746 miligramos = 8.746 gramos = 8 gramos 7 decigramos 4 centigramos y 6 miligramos.

II. Operaciones con fracciones decimales

Suma de fracciones decimales

§ 166. Suma de fracciones decimales. [24] La suma de fracciones decimales se realiza de la misma manera que la suma de números enteros. Supongamos, por ejemplo, que se requiere sumar 2.078 + 0.75 + 13.5602. Escribimos estos números uno debajo del otro de manera que las unidades enteras estén debajo de las unidades enteras, las décimas debajo de las décimas, las centésimas debajo de las centésimas, etc.; en este caso, todos los puntos decimales están alineados uno debajo del otro:

$$\begin{array}{r} 2.078 \\ +\ \ 0.75 \\ \underline{13.5602} \\ 16.3882 \end{array}$$

Comenzamos la suma con las partes más pequeñas. De la suma de las diezmilésimas obtenemos 2; escribimos esta cifra debajo de la línea. De la suma de las milésimas obtenemos 8; escribimos 8 debajo de la línea. De la suma de las centésimas obtenemos 18; pero 18 centésimas = 10 centésimas + 8 centésimas; diez centésimas equivalen a una décima; la recordamos para sumarla a las décimas de los sumandos, y escribimos las 8 centésimas debajo de la línea. Continuamos así hasta el final. El punto decimal en la suma está debajo de los puntos decimales en los sumandos.

Resta de fracciones decimales

§ 167. La resta de fracciones decimales se realiza de la misma manera que la resta de números enteros. Por ejemplo, supongamos que se requiere realizar la resta: 5.709 - 0.3078. Escribimos el sustraendo debajo del minuendo de manera que las unidades del mismo orden queden una debajo de la otra:

$$\begin{array}{r} 5.709 \\ -\ 0.3078 \\ \underline{5.4012} \end{array}$$

Para restar la última cifra del sustraendo, tomamos de las 9 milésimas 1 milésima y la convertimos en diezmilésimas; obtenemos 10 diezmilésimas. Por lo tanto, la cifra 8 del sustraendo debe restarse de 10, y la cifra 7 de 8. De la misma manera se realiza la resta de una fracción decimal de un número entero; por ejemplo:

$$\begin{array}{r} \dot{3} \\ \underline{-\ 1.873} \\ 1.127 \end{array}$$

[24] Nota editorial: la secuencia congelada heredada omite el § 166 entre los § 165 y § 167; la edición española lo restituye desde la fuente canónica auditada y registra explícitamente la reconciliación de la frontera de fuente.

Tomamos de las 3 unidades una y la convertimos en décimas; de estas tomamos una y la convertimos en centésimas; de las centésimas tomamos 1 centésima y la convertimos en milésimas. Como resultado, en lugar de 3 enteros obtenemos: 2 enteros, 9 décimas, 9 centésimas y 10 milésimas. Por lo tanto, la cifra 3 del sustraendo deberá restarse de 10, las cifras 7 y 8 de 9, y la cifra 1 de 2.

Multiplicación de fracciones decimales

§ 168. Consideramos dos casos: el primero, cuando uno de los factores es un número entero, y el segundo, cuando ambos factores son fracciones decimales. Ejemplos: 1) $3.085 \cdot 23$; 2) $8.375 \cdot 2.56$.

Si en estos ejemplos representáramos las fracciones decimales mediante numerador y denominador y realizáramos la operación según la regla de multiplicación de fracciones comunes, obtendríamos: 1) $\frac{3085}{1000} \cdot 23 = \frac{3085 \cdot 23}{1000} = \frac{70955}{1000} = 70.955$; 2) $\frac{8375}{1000} \cdot \frac{256}{100} = \frac{8375 \cdot 256}{1000 \cdot 100} = \frac{2144000}{100000} = 21.44000 = 21.44$.

Regla. Para multiplicar fracciones decimales, basta con ignorar los puntos decimales, multiplicarlas como números enteros y en el producto separar con un punto a la derecha tantas cifras decimales como haya en el multiplicando y en el multiplicador juntos. La operación se dispone mejor de la siguiente manera:

$$
\begin{array}{r}
3.085 \\
\cdot\ \ 23 \\
\hline
9255 \\
6170 \\
\hline
70.955
\end{array}
\qquad
\begin{array}{r}
8.375 \\
\cdot\ \ 2.56 \\
\hline
50250 \\
41875 \\
16750 \\
\hline
21.44000
\end{array}
$$

División de fracciones decimales

§ 169. División por un número entero. Cociente aproximado. Supongamos que se requiere dividir 39.47 entre 8. Disponemos la operación como se hace en la división de números enteros.

$$
\begin{array}{rl}
39.47 & |\ 8 \\
74 & \ \ 4.93 \\
\hline
27 & \\
3 &
\end{array}
$$

Dividimos 39 enteros entre 8; obtenemos en el cociente 4 enteros y en el residuo 7 enteros. Convertimos el residuo en décimas y bajamos las 4 décimas del dividendo; obtenemos 74 décimas. Dividimos 74 décimas entre 8; obtenemos en el cociente 9 décimas y en el residuo 2 décimas. Convertimos el residuo en centésimas y bajamos las 7 centésimas del dividendo; obtenemos 27 centésimas. Dividiéndolas entre 8, obtenemos en el cociente 3 centésimas y en el residuo 3 centésimas.

Supongamos que detenemos la operación aquí. Entonces obtenemos el cociente aproximado 4.93. Para saber cuánto difiere del cociente exacto, encontremos este cociente exacto y comparémoslo con el aproximado. Para obtener el cociente exacto, basta con sumar al número 4.93 la fracción que resulta de dividir el residuo (3 centésimas) entre 8. De dividir 3 unidades entre 8 obtenemos $\frac{3}{8}$ de unidad; de dividir 3 centésimas entre 8 obtenemos $\frac{3}{8}$ de centésima.

Por lo tanto, el cociente exacto es igual a la suma 4.93 + $\frac{3}{8}$ de centésima. Descartando $\frac{3}{8}$ de centésima, cometemos un error menor que una centésima. Por eso se dice que 4.93 es un cociente aproximado con precisión de $\frac{1}{100}$. Si en lugar de descartar $\frac{3}{8}$ de centésima completamos esta fracción a una centésima entera (aumentándola en $\frac{5}{8}$ de centésima), cometemos un error también menor que $\frac{1}{100}$; entonces obtenemos otro cociente aproximado 4.93 + 0.01, es decir, 4.94, también con precisión de $\frac{1}{100}$. El número 4.93 es menor, y 4.94 es mayor que el cociente exacto, por lo que se dice que el primer número es un cociente aproximado por defecto, y el segundo, por exceso.

Si continuamos la operación más allá, convirtiendo los residuos en fracciones decimales cada vez más pequeñas, obtendremos cocientes aproximados con mayor precisión. Así, si convertimos el residuo de 3 centésimas en milésimas y dividimos 30 milésimas entre 8, obtenemos el cociente aproximado 4.933 (por defecto) o 4.934 (por exceso), con un error menor que 0.001. Continuando la operación más allá, obtenemos:

39.47	8
74	4.93375
27	
30	
60	
40	
0	

Continuando la división lo suficientemente lejos, a veces podemos llegar a un residuo de 0 (como en nuestro ejemplo); entonces obtenemos el cociente exacto. De lo contrario, debemos conformarnos con un cociente aproximado, y el error puede hacerse tan pequeño como se desee. Si, por ejemplo, deseamos encontrar un cociente aproximado con precisión de una millonésima, detenemos la división cuando en el cociente aparece la cifra de las millonésimas.

Regla. La división de una fracción decimal entre un número entero se realiza de la misma manera que la división de números enteros, convirtiendo los residuos en fracciones decimales cada vez más pequeñas, y la operación se continúa hasta obtener el cociente exacto o hasta que en el cociente aproximado aparezca la cifra de las fracciones decimales con las que se desea limitar.

De la misma manera se procede al dividir un número entero entre un número entero, si se desea obtener el cociente en forma de fracción decimal. Por ejemplo, la división de 123 entre 7 puede realizarse así:

$$\begin{array}{r|l} 123 & \underline{7} \\ \underline{53} & 17.57\ldots \\ \underline{40} & \\ \underline{50} & \\ 1 & \end{array}$$

Observación. Para indicar que una igualdad no es exacta, sino solo aproximada, a veces se usa el signo de igualdad curvado $\approx$; así, si se escribe: $39.47 : 8 \approx 4.93$, se quiere expresar que el cociente de la división de 39.47 entre 8 es aproximadamente igual a 4.93.

§ 170. Magnitud del error del cociente aproximado. De dos cocientes aproximados (tomados con la misma precisión), uno por defecto y otro por exceso, uno de ellos siempre es exacto hasta $\frac{1}{2}$ de la cifra decimal del último orden, a saber: el cociente por defecto será tal si el residuo es menor que $\frac{1}{2}$ del divisor, y el cociente por exceso si el residuo es mayor que $\frac{1}{2}$ del divisor. Consideremos, por ejemplo, la división $39.47 : 8$ (ver el párrafo anterior). Supongamos que tomamos el cociente aproximado 4.93, para el cual el residuo 3 es menor que la mitad del divisor (menor que 4). Entonces el cociente exacto será $4.93 + \frac{3}{8}$ de centésima; por lo tanto, difiere del número 4.93 en $\frac{3}{8}$ de centésima (menor que $\frac{1}{2}$ de centésima), y del número 4.94 en $\frac{5}{8}$ de centésima (mayor que $\frac{1}{2}$ de centésima) (en este caso es más ventajoso tomar el cociente por defecto). Continuemos la división:

$$\begin{array}{r|l} 39.47 & \underline{8} \\ \underline{74} & 4.933 \\ \underline{27} & \\ \underline{30} & \\ 6 & \end{array}$$

Tomemos ahora, en el mismo ejemplo, el cociente aproximado 4.933, para el cual el residuo 6 es mayor que la mitad del divisor. El cociente exacto será $4.933 + \frac{6}{8}$ de milésima; por lo tanto, difiere del número 4.933 en $\frac{6}{8}$ de milésima (mayor que $\frac{1}{2}$ de milésima), y del número 4.934 en $\frac{2}{8}$ de milésima (menor que $\frac{1}{2}$ de milésima) (en este caso, por lo tanto, es más ventajoso tomar el cociente por exceso).

Cuando el residuo es menor que la mitad del divisor, entonces la cifra del cociente que seguiría a aquella en la que nos detuvimos será evidentemente menor que 5, y si el residuo es mayor que la mitad del divisor, entonces esta cifra debe ser 5 o mayor que 5.

§ 171. División por una fracción decimal. Supongamos que se requiere dividir 3.753 entre 0.85. Para ello, movemos el punto decimal en el dividendo y en el divisor hacia la derecha el mismo número de lugares decimales (en nuestro ejemplo, 2), de modo que el divisor se convierta en un número entero. Como al hacerlo el dividendo y el divisor se multiplican por el mismo número de veces (en nuestro ejemplo, 100 veces), el cociente no cambiará como resultado (§ 155). Así, reducimos la división por una fracción decimal a la división por un número entero:

375.3 : 85 $\approx$ 4.415, que se realiza como se indicó anteriormente.

De la misma manera se procede al dividir un número entero entre una fracción decimal; por ejemplo:

7 : 0.325 = 7000 : 325 $\approx$ 21.538.

Regla. Para dividir cualquier número entre una fracción decimal, se debe eliminar el punto decimal en el divisor y, habiendo multiplicado el dividendo por el mismo número de veces que se multiplicó el divisor al eliminar su coma, dividir según la regla de división por un número entero.

§ 172. Ejemplo de cálculo con fracciones decimales. Supongamos que se requiere calcular la fracción

$$\frac{7.5 \cdot 0.09 \cdot 3.725}{0.18 \cdot 2.7 \cdot 3.2675}$$

Eliminemos todos los puntos decimales en esta fracción y veamos cómo cambia su magnitud como resultado. Su numerador se multiplica por 10 · 100 · 1000 veces, es decir, por 1 000 000 veces. El denominador se multiplica por 100 · 10 · 10 000 veces, es decir, por 10 000 000 veces. Para que la magnitud de la fracción no cambie, debemos multiplicar el numerador por 10 veces más, por ejemplo, en lugar del número 9 obtenido al eliminar el punto decimal en la fracción 0.09, tomar 90. Ahora calculemos la expresión

$$\frac{75 \cdot 90 \cdot 3725}{18 \cdot 27 \cdot 32675}$$

habiendo reducido primero los números 75 y 18 entre 3, los números 90 y 27 entre 9, y los números 3725 y 32675 entre 25, obtenemos

$$\frac{25 \cdot 10 \cdot 149}{6 \cdot 3 \cdot 1307} = \frac{37250}{23526} \approx 1.58.$$

§ 173. Cálculos porcentuales con fracciones decimales. En los cálculos porcentuales, como vemos, a menudo es necesario multiplicar y dividir por 100; y dado que estas operaciones se realizan de manera particularmente simple con fracciones decimales, el uso de fracciones decimales resulta especialmente conveniente en todo tipo de cálculos porcentuales. Consideremos varios problemas.

Problema 1. ¿Cuánto ingreso generará una suma de 728 rublos depositada en una caja de ahorros durante 2 años y 3 meses? Dado que la caja genera un ingreso anual del 3%, el ingreso anual es el 3%, o 0.03, de 728, es decir,

$$728 \cdot 0.03 = 21.84 \ (= 21 \text{ rublos } 84 \text{ kopeks}).$$

El ingreso por 3 meses, es decir, por 0.25 de año, será el 0.25 del ingreso anual, es decir,

$$21.84 \cdot 0.25 = 5.46 \ (= 5 \text{ rublos } 46 \text{ kopeks}).$$

El ingreso por 2 años y 3 meses será

$$21.84 \cdot 2 + 5.46 = 49.14 \ (= 49 \text{ rublos } 14 \text{ kopeks}).$$

Problema 2. El 3.4% de un número desconocido es 1.6388. Encuentre este número. Según la regla de § 149, debemos dividir el número 1.6388 entre 3.4 y multiplicar el resultado por 100. Encontramos:

$$\frac{1.6388}{3.4} \cdot 100 = \frac{1638.8}{34} = 48.2.$$

Problema 3. Se depositó una suma en una caja de ahorros. Después de 9 meses se retiró el depósito, y al depositante se le entregaron 633 rublos 95 kopeks. Encuentre la cantidad del depósito original. El ingreso anual del depositante es el 3%, o 0.03, del depósito desconocido. Por lo tanto, el ingreso por 9 meses (es decir, por $\frac{3}{4}$, o 0.75 de año) será

$$0.03 \cdot 0.75 = 0.0225 \ (= 2.25\%)$$

del depósito desconocido. Así, la suma recibida por el depositante, 633.95 rublos, es el 1.0225 (o 102.25%) del depósito desconocido. Para encontrar este depósito, debemos dividir 633.95 entre 1.0225:

$$\frac{633.95}{1.0225} = 620 \text{ (rublos)}.$$

[25]

Problema 4. El giro de la tienda según el plan fue de 75 300 rublos; en realidad, este giro fue de 85 842 rublos. ¿En qué porcentaje se cumplió el plan? Para resolver este problema, debemos encontrar la relación porcentual de los números 85 842 y 75 300, es decir, expresar la relación $\frac{85842}{75300}$ en centésimas; para ello, la forma más simple es expresar el cociente de la división de los números dados en forma de fracción decimal, como se muestra en § 171:

$$\frac{85842}{75300} = 1.14;$$

así, el plan se cumplió en un 114%.

§ 174. Observaciones preliminares. Dado que las operaciones con fracciones decimales se realizan de manera más simple que con fracciones comunes, a menudo es útil convertir fracciones comunes a decimales[26]. Indicaremos dos métodos para realizar esta conversión.

[25] Nota editorial: la fuente impresa muestra 663,95 en esta fracción, aunque el enunciado y la línea anterior indican 633,95. La edición española conserva 633.95, que produce el resultado coherente de 620, y registra la corrección.

[26] Sin embargo, al realizar cálculos con fracciones decimales y comunes conjuntamente, no siempre es conveniente reducir estas fracciones a una forma; si, por ejemplo, se requiere multiplicar 0.567 por $\frac{3}{7}$, entonces no es necesario convertir $\frac{3}{7}$ en una fracción decimal; se puede multiplicar 0.567 por 3 y dividir el resultado entre 7.

§ 175. Primer método: mediante la descomposición del denominador en factores primos.

Supongamos que se requiere convertir la fracción $\frac{7}{40}$ en una fracción decimal. Para ello, preguntémonos: ¿es posible reducir esta fracción a un denominador que se exprese como una unidad seguida de ceros? Si esto fuera posible, obtendríamos una fracción decimal escrita mediante un numerador y un denominador, y tal fracción podríamos escribir sin dificultad sin el denominador. Para reducir una fracción irreducible a otro denominador, ambos términos deben multiplicarse por el mismo número (§ 132). Para saber por qué número se debe multiplicar 40 para obtener una unidad seguida de ceros, tomemos en cuenta que todo número expresado como una unidad seguida de ceros se descompone solo en los factores 2 y 5, y ambos factores entran en la descomposición el mismo número de veces, es decir, tantas veces como ceros haya después de la unidad.

Por ejemplo:

$$1000 = 10 \cdot 10 \cdot 10 = 2 \cdot 5 \cdot 2 \cdot 5 \cdot 2 \cdot 5;$$

$$10\,000 = 10 \cdot 10 \cdot 10 \cdot 10 = 2 \cdot 5 \cdot 2 \cdot 5 \cdot 2 \cdot 5 \cdot 2 \cdot 5, \text{ etc.}$$

III. Conversión de fracciones comunes en decimales

§ 176. Qué fracciones comunes se convierten en decimales y cuáles no. Del método indicado para convertir fracciones comunes en decimales, se pueden deducir dos consecuencias:

1) Si el denominador de una fracción común no contiene otros factores primos aparte de 2 y 5, entonces dicha fracción se convierte en una fracción decimal, y esta fracción decimal tiene tantas cifras decimales como veces se repite en el denominador de la fracción común, después de su reducción, aquel de los factores 2 y 5 que entra en él un mayor número de veces. Supongamos, por ejemplo, que en el denominador de una fracción común, después de su reducción, el factor 2 se repite más veces y que este factor entra 4 veces. Entonces será necesario agregar el factor 5 tantas veces como para que, después de la adición, ambos factores (2 y 5) entren 4 veces cada uno; por lo tanto, después de la multiplicación, en el denominador se obtendrá un 1 con cuatro ceros, y por ende, la fracción decimal tendrá 4 cifras decimales. Por ejemplo:

$$\frac{7}{80} = \frac{7}{2 \cdot 2 \cdot 2 \cdot 2 \cdot 5} = \frac{7 \cdot 5 \cdot 5 \cdot 5}{80 \cdot 5 \cdot 5 \cdot 5} = \frac{875}{10\,000} = 0.0875.$$

2) Si el denominador de una fracción común contiene factores primos distintos de 2 y 5, y estos factores no se cancelan con el numerador, entonces dicha fracción no se puede convertir en una fracción decimal.

Tomemos, por ejemplo, la fracción $\frac{35}{84}$, cuyo denominador contiene los factores primos 3 y 7 (es decir, $84 = 2 \cdot 2 \cdot 3 \cdot 7$). Uno de ellos (7) se cancela; después de la cancelación obtenemos $\frac{5}{12}$. Como 12 contiene el factor 3, esta fracción no se puede convertir en una fracción decimal, porque no importa por qué números enteros multipliquemos su denominador, nunca obtendremos un número representado por un 1 seguido de ceros.

Estas fracciones solo se pueden convertir en fracciones decimales aproximadas, aplicando el segundo método de conversión.

§ 177. Segundo método: mediante la división del numerador por el denominador.

Este método es más común que el primero, ya que es aplicable también a aquellas fracciones comunes que solo se convierten en fracciones decimales aproximadas.

Supongamos que se requiere convertir la fracción $\frac{23}{8}$ en una fracción decimal. El número $\frac{23}{8}$ puede considerarse como el cociente de la división de 23 entre 8 (§ 151, regla 1). Pero el cociente de la división de números enteros, como hemos visto, se puede encontrar en forma de una fracción decimal, exacta o aproximada. Para ello, solo es necesario convertir los residuos de la división en partes decimales, cada vez más pequeñas, hasta obtener un residuo igual a cero, o hasta obtener en el cociente partes del orden que no se desee superar.

$$\begin{array}{r|l} 23 & 8 \\ \underline{70} & 2.875 \\ 60 & \\ \underline{40} & \\ 0 & \end{array}$$

En nuestro ejemplo, se obtuvo un cociente exacto: $\frac{23}{8} = 2.875$.

Supongamos que se requiere convertir $\frac{3}{14}$ en una fracción decimal. Como esta fracción es irreducible y su denominador contiene el factor primo 7, distinto de 2 y 5, no se puede convertir en una fracción decimal; sin embargo, se puede encontrar una fracción decimal que sea aproximadamente igual a $\frac{3}{14}$, y con cualquier grado de precisión deseado. Si, por ejemplo, deseamos encontrar una fracción decimal que difiera de $\frac{3}{14}$ en menos de 0.001, entonces es suficiente encontrar 3 cifras decimales de la división de 3 entre 14:

$$\begin{array}{r|l} 3 & 14 \\ \underline{30} & 0.214 \\ \underline{20} & \\ \underline{60} & \\ 4 & \end{array}$$

El cociente aproximado 0.214 difiere del cociente exacto, es decir, de $\frac{3}{14}$, en menos de la mitad de una milésima. Si se continúa la división más allá, el error se vuelve cada vez menor. Sin embargo, la división nunca puede terminar, porque de lo contrario obtendríamos una fracción decimal que sería exactamente igual a $\frac{3}{14}$, lo cual es imposible; así, continuando la división, podemos obtener en el cociente tantas cifras decimales como deseemos.

§ 178. Fracciones decimales finitas e infinitas. Redondeo de un número. Si una fracción simple, por ejemplo $\frac{3}{14}$, no puede representarse en forma de una fracción decimal, entonces, como se muestra en § 177, al realizar la división de 3 entre 14, podemos escribir nuevas y nuevas cifras del cociente, obteniendo así nuevas y nuevas fracciones decimales; estas fracciones decimales dan aproximaciones cada vez mejores al número $\frac{3}{14}$; por lo tanto, en este caso se ha acordado decir que el número $\frac{3}{14}$ se descompone en una fracción decimal infinita:

$$\frac{3}{14} = 0.214\ldots;$$

aquí los tres puntos significan que la serie de cifras del cociente no se agota con las cifras escritas (2, 1, 4), sino que puede continuarse sin fin; por lo tanto, con el mismo derecho podríamos escribir:

$$\frac{3}{14} - 0.2\ldots; \quad \frac{3}{14} = 0.21\ldots; \quad \frac{3}{14} = 0.2142\ldots; \text{ etc.}$$

A diferencia de estas fracciones decimales infinitas, las fracciones decimales con las que hemos tratado hasta ahora se denominan fracciones decimales finitas.

Las fracciones decimales infinitas (así como las finitas con un gran número de cifras decimales) para fines prácticos deben redondearse, tomando en lugar de la fracción exacta una aproximada, con la precisión deseada, por defecto o por exceso (§ 169). Así, si deseamos limitarnos a una precisión de una centésima, entonces en lugar de la fracción

$$3.141592653\ldots$$

tomamos la aproximación 3.14 (por defecto); si, por las condiciones del problema, se desea una precisión de una milésima, entonces tomamos 3.142 (por exceso).

§ 179. Fracciones periódicas. Una fracción decimal infinita en la que una o varias cifras se repiten invariablemente en la misma secuencia se llama fracción decimal periódica, y el conjunto de cifras que se repiten se llama período de esta fracción.

Las fracciones periódicas pueden ser puras o mixtas. Una fracción periódica pura es aquella en la que el período comienza inmediatamente después del punto decimal, por ejemplo 2.363636...; una mixta es aquella en la que entre el punto decimal y el primer período hay una o varias cifras que no se repiten, por ejemplo 0.5232323.... Las fracciones periódicas se escriben de manera abreviada así: en lugar de 2.3636... se escribe: 2.(36)

en lugar de 0.52323... se escribe: 0.5(23),

es decir, se encierra el período entre paréntesis.

§ 180. La fracción decimal infinita que se obtiene al convertir una fracción común debe ser periódica. Verifiquemos esta propiedad con algún ejemplo. Supongamos que deseamos convertir la fracción $\frac{19}{7}$ en una fracción decimal. Como el denominador 7 no está compuesto de los factores 2 y 5, y la fracción dada es irreducible, no puede convertirse en una fracción decimal finita. Por lo tanto, se convierte en una fracción decimal infinita. Para obtener algunas de sus primeras cifras decimales, procedamos a dividir 19 entre 7. Como la división no puede terminar

$$\begin{array}{rl}
 & 19 \mid 7 \\
\underline{50} & 2.71428571\ldots \\
 & \underline{10} \\
 & \underline{30} \\
 & \underline{20} \\
 & \underline{60} \\
 & \underline{40} \\
 & \underline{50} \\
 & \underline{10} \\
 & 3
\end{array}$$

entonces debe haber infinitos residuos. Pero los residuos siempre son menores que el divisor; por lo tanto, no puede haber más de seis residuos diferentes, a saber: 1, 2, 3, 4, 5, 6. De esto se deduce que, con una continuación suficiente de la división, los residuos inevitablemente comenzarán a repetirse. De hecho, el séptimo residuo resulta ser el mismo que el primero. Pero si un residuo se repite, entonces, al agregarle un cero, obtenemos el mismo dividendo que antes (50); por lo tanto, en el cociente comenzarán a aparecer las mismas cifras que aparecieron antes, es decir, en el cociente se obtendrá una fracción periódica. En nuestro ejemplo, el período comenzó con la primera cifra después del punto decimal, y por lo tanto se obtuvo una fracción periódica pura. En otros ejemplos puede suceder que el período no comience con la primera cifra, sino, por ejemplo, con la tercera o con alguna otra; entonces se obtendrá una fracción periódica mixta.

§ 181. Observación preliminar. En § 180 vimos que al convertir una fracción simple en una fracción decimal, siempre se obtiene una fracción decimal finita o periódica. Supongamos ahora, a la inversa, que se da una fracción decimal periódica, y queremos saber cuál es la fracción simple cuya descomposición produce la fracción periódica dada. Para ello, primero consideremos qué fracciones periódicas se obtienen al convertir aquellas fracciones comunes cuyo numerador es 1 y cuyo denominador es el dígito 9 escrito una o varias veces seguidas, por ejemplo $\frac{1}{9}$, $\frac{1}{99}$, etc.

$$\begin{array}{rl}
 & 1 \mid 9 \\
\underline{10} & 0.111\ldots \\
 & \underline{10} \\
 & 1
\end{array}
\qquad
\begin{array}{rl}
 & 1 \mid 99 \\
\underline{100} & 0.0101\ldots \\
 & 1
\end{array}
\qquad
\begin{array}{rl}
 & 1 \mid 999 \\
\underline{1000} & 0.001001\ldots \\
 & 1
\end{array}$$

$$\frac{1}{9} = 0.(1); \quad \frac{1}{99} = 0.(01); \quad \frac{1}{999} = 0.(001).$$

Del examen de estas divisiones es fácil deducir que en tales fracciones periódicas el período consiste en un 1 o en un 1 precedido de ceros, y en el período hay tantas cifras como veces se repite el dígito 9 en el denominador de la fracción.

§ 182. Conversión de una fracción periódica pura en una fracción común. Supongamos que deseamos encontrar la fracción común de la cual proviene la fracción periódica pura 0.2323.... Para ello, comparemos esta fracción periódica con otra más simple, cuyo período tiene el mismo número de cifras pero consiste en un 1 precedido de ceros:

$$0.232323\ldots \quad \text{y} \quad 0.010101\ldots$$

La primera fracción contiene: 23 centésimas, 23 diezmilésimas, 23 millonésimas, etc.; la segunda fracción contiene: 1 centésima, 1 diezmilésima, 1 millonésima, etc. Por lo tanto, en la primera fracción hay partes decimales de todos estos órdenes 23 veces más que en la segunda. Entonces, si existe una fracción común cuya conversión produce la fracción periódica 0.(23), esta debe ser 23 veces mayor que la fracción común de la cual proviene 0.(01)[27]; pero la fracción 0.(01) proviene, como hemos visto, de $\frac{1}{99}$; por lo tanto, la fracción 0.(23) debe provenir de $\frac{23}{99}$. Y efectivamente,

$$\begin{array}{rl} 23 & |\ 99 \\ \underline{230} & 0.23\ldots \\ & \underline{198} \\ & 32 \end{array}$$

$$\frac{23}{99} = 0.232323\ldots = 0.(23).$$

Regla. Para convertir una fracción periódica pura en una fracción común, basta con tomar el período como numerador y escribir el dígito 9 como denominador tantas veces como cifras tenga el período. Ejemplos:

$$1)\quad 0.(7) = \frac{7}{9};\quad 2)\quad 2.(05) = 2\,\frac{5}{99};\quad 3)\quad 0.(063) = \frac{63}{999} = \frac{7}{111}.$$

§ 183. Conversión de una fracción periódica mixta en una fracción común. Supongamos que se requiere encontrar la fracción común de la cual proviene la fracción periódica mixta 0.3(52). Para ello, movamos el punto decimal en esta última un lugar hacia la derecha; entonces obtendremos la fracción periódica pura 3.(52), que proviene de la fracción común $3\,\frac{52}{99}$. Pero, al mover el punto decimal un lugar hacia la derecha, hemos aumentado la fracción 10 veces; por lo tanto, la fracción $3\,\frac{52}{99}$ será 10 veces mayor que aquella de la cual proviene la fracción 0.3(52).

Por lo tanto, para encontrar la fracción buscada, basta con dividir $3\,\frac{52}{99}$ entre 10. Así,

$$0.35252\ldots = 3.(52) : 10 = 3\,\frac{52}{99} : 10 = \frac{349}{99} : 10 = \frac{349}{990}.$$

[27] Una justificación más rigurosa de esta afirmación se encuentra en § 190.

Y efectivamente,

$$\begin{array}{l|l} 349 & 990 \\ 3490 & 0.352\ldots \\ \underline{2970} & \\ 5200 & \\ \underline{4950} & \\ 2500 & \\ \underline{1980} & \\ 520 & \end{array}$$

$$\frac{349}{990} = 0.3525252\ldots = 0.3(52).$$

Se puede derivar una regla muy conveniente para convertir una fracción periódica mixta en una fracción común; para ello, observemos cómo se puede realizar la división del número mixto $3\,\frac{52}{99}$ entre 10. Primero, convertimos el número mixto en una fracción impropia. Para ello, multiplicamos 3 por 99 y luego sumamos 52. Pero, en lugar de multiplicar 3 por 99, podemos multiplicar 3 por 100 y reducir el resultado en 3. Así,

$$3\,\frac{52}{99} = \frac{3 \cdot 99 + 52}{99} = \frac{3 \cdot 100 - 3 + 52}{99}.$$

En lugar de restar 3 y luego sumar 52, podemos primero sumar 52 y luego restar 3. Por lo tanto,

$$3\,\frac{52}{99} = \frac{3 \cdot 100 + 52 - 3}{99} = \frac{352 - 3}{99}.$$

Queda reducir esta fracción 10 veces, es decir, agregar un cero a su denominador; entonces obtendremos la fracción común de la cual proviene la fracción periódica 0.3(52). Así,

$$0.35252\ldots = \frac{352 - 3}{990} = \frac{349}{990}.$$

Razonando de manera similar al caso anterior, encontramos que

$$0.26444\ldots = \frac{264 - 26}{900} = \frac{238}{900} = \frac{119}{450};$$

$$5.7888\ldots = \frac{578 - 57}{90} = \frac{521}{90} = 5\,\frac{71}{90},$$

o

$$5.7888\ldots = 5\,\frac{78 - 7}{90} = 5\,\frac{71}{90}.$$

Regla. Para convertir una fracción periódica mixta en una fracción común, basta con restar el número que está antes del primer período del número que está antes del segundo período, tomar la diferencia resultante como numerador, y escribir el dígito 9 como denominador tantas veces como cifras tenga el período, con tantos ceros como cifras haya entre el punto decimal y el período.

§ 184. Qué fracciones comunes se convierten en fracciones periódicas puras y cuáles en mixtas. Ya sabemos que toda fracción común, al convertirse en una fracción decimal, produce una fracción decimal finita o periódica. También sabemos en qué casos se obtiene una fracción decimal finita y en qué casos una periódica. Ahora determinaremos en qué casos la fracción periódica resultante será pura y en qué casos será mixta. Las reglas que indicaremos se justificarán en los siguientes párrafos; aquí solo presentamos algunas consideraciones preliminares que apoyan estas reglas.

1. Una fracción común cuyo denominador, después de la reducción, no contiene los factores 2 y 5, se convierte en una fracción periódica pura.

Por ejemplo:

$$\frac{3}{7} = 0.(428571); \quad \frac{2}{3} = 0.(6); \quad \frac{5}{11} = 0.(45).$$

En efecto, en primer lugar, tal fracción debe convertirse en alguna fracción periódica (§ 180); en segundo lugar, esta fracción periódica no puede ser mixta, porque una fracción periódica mixta, como hemos visto, se convierte en una fracción común cuyo denominador contiene los factores 2 y 5. Por lo tanto, la fracción dada debe convertirse en una fracción periódica pura.

2. Una fracción común cuyo denominador, después de la reducción, junto con otros factores contiene los factores 2, o 5, o ambos, se convierte en una fracción periódica mixta.

Por ejemplo:

$$\frac{35}{42} = \frac{5}{6} = 0.8(3); \quad \frac{8}{15} = 0.5(3);$$

$$\frac{119}{450} = 0.26(4) \text{ etc.}$$

En efecto, en primer lugar, tal fracción debe convertirse en alguna fracción periódica; en segundo lugar, esta fracción periódica no puede ser pura, porque una fracción periódica pura, como hemos visto, proviene de una fracción común cuyo denominador no contiene los factores 2 y 5. Por lo tanto, la fracción dada debe convertirse en una fracción periódica mixta.

IV. Conversión de fracciones periódicas en fracciones comunes

§ 185. Observación. La exposición previa de la conversión de fracciones periódicas en fracciones comunes no es completamente rigurosa; en ella, entre otras cosas, se asume (§ 182) que si cada sumando se incrementa varias veces, entonces la suma también se incrementa en la misma proporción. Esta proposición, completamente justificada para sumas con un número finito de sumandos, no puede aplicarse sin una demostración especial a sumas con un número infinito de sumandos (como lo son todas las fracciones periódicas infinitas).

Una teoría rigurosa de las fracciones periódicas se basa en el concepto de límite. Expondremos brevemente esta teoría.

§ 186. Límite de una secuencia de números. Sea dada una secuencia infinita de números $a_1, a_2, a_3, \ldots, a_n, \ldots$. Acordemos llamar a un número a el límite de esta secuencia si la diferencia $a_n - a$ en valor absoluto se vuelve arbitrariamente pequeña para todos los n suficientemente grandes. Así, la secuencia de números

$$1+1, \quad 1+\frac{1}{2}, \quad 1+\frac{1}{3}, \ldots, \quad 1+\frac{1}{n}, \ldots,$$

tiene como límite el número 1, porque la diferencia

$$\left(1+\frac{1}{n}\right) - 1 = \frac{1}{n}$$

se vuelve arbitrariamente pequeña para todos los n suficientemente grandes.

§ 187. Si en una fracción decimal infinita tomamos los primeros pocos dígitos decimales y descartamos el resto, obtenemos una fracción decimal finita, que llamaremos un segmento de la fracción infinita dada.

Así, las fracciones

$$0.8; \ 0.83; \ 0.833; \ 0.8333; \ \text{etc.}$$

sirven como segmentos de la fracción periódica infinita 0.8(3). En general, toda fracción decimal infinita tiene una secuencia infinita de segmentos; además, cada uno de estos segmentos es una fracción decimal finita.

Teorema 1. Una fracción común que se convierte en una fracción decimal infinita es el límite de la secuencia de segmentos de esta fracción decimal infinita.

Demostración. De hecho, sabemos que el primer segmento (es decir, el que termina en el primer dígito decimal) de la fracción decimal infinita resultante difiere de la fracción común dada en menos de $\frac{1}{10}$; el segundo segmento difiere de ella en menos de $\frac{1}{100}$; el tercero — en menos de $\frac{1}{1000}$; y así sucesivamente. Por lo tanto, cualquier segmento, tomado con un número suficientemente grande de dígitos, diferirá de la fracción común dada en tan poco como se desee; pero por la definición de límite, esto significa que la fracción común dada es el límite de la secuencia de segmentos de esa fracción decimal infinita en la que se expande.

§ 188. Teorema 2. Si dos fracciones comunes son iguales entre sí, entonces se convierten en la misma fracción decimal (finita o infinita).

Demostración. Sean las fracciones $\frac{a}{b}$ y $\frac{a_1}{b_1}$ iguales. Supongamos que, al convertirlas en fracciones decimales (dividiendo el numerador por el denominador), nos detenemos en las milésimas. Entonces encontramos el mayor número de milésimas contenido en cada una de las fracciones $\frac{a}{b}$ y $\frac{a_1}{b_1}$ (ya que, aumentando el cociente en incluso 1 milésima, obtendríamos más de lo debido en una división correcta). Pero por condición, las fracciones $\frac{a}{b}$ y $\frac{a_1}{b_1}$ son iguales; por lo tanto, el mayor número de milésimas contenido en cada una de ellas debe ser el mismo. Así, los primeros tres dígitos decimales de ambas fracciones decimales obtenidas al convertir las fracciones $\frac{a}{b}$ y $\frac{a_1}{b_1}$ deben ser idénticos. Por el mismo razonamiento nos convenceremos de que cualquier número de dígitos decimales debe ser idéntico; en otras palabras, ambas fracciones deben coincidir exactamente entre sí.

§ 189. Teorema 3 (el inverso del anterior). Si dos fracciones comunes se convierten en la misma fracción decimal (finita o infinita), entonces son iguales.

Demostración. Sean las fracciones $\frac{a}{b}$ y $\frac{a_1}{b_1}$ convertidas en la misma fracción decimal N. Si esta fracción es finita, entonces tendremos las igualdades exactas:

$$\frac{a}{b} = N \quad \text{y} \quad \frac{a_1}{b_1} = N;$$

por lo tanto,

$$\frac{a}{b} = \frac{a_1}{b_1}.$$

Si, sin embargo, la fracción N es infinita, entonces cada una de las fracciones $\frac{a}{b}$ y $\frac{a_1}{b_1}$ es igual al límite de la secuencia de segmentos de la fracción N y, por lo tanto,

$$\frac{a}{b} = \frac{a_1}{b_1}.$$

§ 190. Teorema 4. La secuencia de segmentos de una fracción periódica pura tiene un límite igual a la fracción común cuyo numerador es la diferencia entre el número que está antes del segundo período y el número que está antes del primer período, y cuyo denominador es el dígito 9, escrito tantas veces seguidas como dígitos haya en el período.

Demostración. Tomemos, por ejemplo, la fracción periódica pura 7.2323.... Denotemos con la letra X_n el segmento de esta fracción, que contiene n períodos, es decir, establezcamos:

$$7,\overbrace{23\;23\;\ldots\;23}^{n} = 7 + \frac{23}{100} + \frac{23}{100^2} + \cdots + \frac{23}{100^n} = X_n.$$

Multipliquemos ambos lados de esta igualdad por 100:

$$723,\overbrace{23\;23\;\ldots\;23}^{n-1} = 723 + \frac{23}{100} + \frac{23}{100^2} + \cdots + \frac{23}{100^{n-1}} = 100X_n.$$

Restando la igualdad anterior de esta, encontramos:

$$723 - 7 - \frac{23}{100^n} = 99X_n;$$

de donde

$$\frac{723-7}{99} - \frac{23}{100^n \cdot 99} = X_n,$$

o

$$\frac{723-7}{99} - X_n = \frac{23}{100^n \cdot 99}.$$

De la última igualdad es evidente que a medida que el número de períodos n aumenta, la diferencia entre el número constante $(723-7):99$ y el número X_n se vuelve y permanece menor que cualquier número dado (por pequeño que sea); y esto significa que

$$\text{límite de } X_n = \frac{723-7}{99} = 7\frac{23}{99}.$$

De la manera en que se obtiene este límite es evidente que 723 es el número que está antes del segundo período, y 7 es el número que está antes del primer período; por lo tanto, el numerador satisface lo que se afirma en el teorema. El denominador también satisface el teorema, ya que el dígito 9 se repite tantas veces como dígitos haya en el período.

Notemos que podríamos separar el número entero de la fracción periódica de ella, es decir, escribir de la siguiente manera:

$$\text{límite de } 7.(23) = 7 + \text{límite de } 0.(23) = 7 + \frac{23}{99} = 7\frac{23}{99}.$$

§ 191. Teorema 5. La secuencia de segmentos de una fracción periódica mixta tiene un límite igual a la fracción común cuyo numerador es la diferencia entre el número que está antes del segundo período y el número que está antes del primer período, y cuyo denominador es el dígito 9 escrito tantas veces seguidas como dígitos haya en el período, con tantos ceros al final como dígitos haya entre el punto decimal y el primer período. [28)]

Demostración. Tomemos una fracción periódica mixta, por ejemplo, la siguiente:

$$8.52(375),$$

y establezcamos nuevamente:

$$8,\overbrace{52375\ 375\ \ldots\ 375}^{n} = 8 + \frac{52}{100} + \frac{375}{100 \cdot 1000} + \frac{375}{100 \cdot 1000^2} + \cdots + \frac{375}{100 \cdot 1000^n} =$$
$$= X_n.$$

Multiplicando ambos lados de esta igualdad por 100, y luego nuevamente por 100 · 1000, obtenemos:

$$852 + \frac{375}{1000} + \cdots + \frac{375}{1000^n} = 100X_n;$$

$$852\,375 + \frac{375}{1000} + \cdots + \frac{375}{1000^{n-1}} = 100\,000X_n.$$

[28)] Nota editorial: en la fuente impresa, una igualdad intermedia muestra 100^n aunque el período tiene tres dígitos y la derivación exige 1000^n; esta edición usa 1000^n y registra explícitamente la corrección.

Restando la igualdad anterior de la última, encontramos:

$$852375 - 852 - \frac{375}{1000^n} = 99\,900X_n;$$

de donde

$$\frac{852375 - 852}{99900} - \frac{375}{1000^n \cdot 99900} = X_n,$$

o

$$\frac{852375 - 852}{99900} - X_n = \frac{375}{1000^n \cdot 99900}.$$

De la última igualdad es evidente que a medida que n aumenta sin límite

$$\text{límite } X_n = \frac{852375 - 852}{99900} = 8\frac{52323}{99900}.$$

También podríamos aquí separar el número entero de la fracción periódica de ella, es decir, escribir de la siguiente manera:

$$\text{límite } X_n = 8 + \text{límite } 0.52(375) = 8 + \frac{52375 - 52}{99900}.$$

Ejemplos:

$$1)2.(05) = \frac{205 - 2}{99} = \frac{203}{99} = 2\frac{5}{99};$$

$$2)0.(063) = \frac{63}{999} = \frac{7}{111};$$

$$3)0.26(4) = \frac{264 - 26}{900} = \frac{238}{900} = \frac{119}{450};$$

$$4)5.7(8) = \tfrac{578-57}{90} = \tfrac{521}{90} = 5\tfrac{71}{90}, \text{ o } 5.7(8) = 5\tfrac{78-7}{90} = 5\tfrac{71}{90}.$$

§ 192. Observación. Los teoremas 4 y 5 muestran que la secuencia de segmentos de cada fracción decimal periódica tiene como límite alguna fracción común. De ello se deduce, basándose en el Teorema 1, que si en general existe una fracción común que se expande en la fracción periódica dada, entonces esta fracción común es igual al límite de la fracción periódica dada.

Sin embargo, de los teoremas anteriores no se sigue aún que para cada fracción periódica se encontrará una fracción común que se expanda en ella. Y de hecho, esto no es cierto para todas las fracciones periódicas, como veremos ahora.

§ 193. Teorema 6. Si el período de una fracción periódica dada consiste en el dígito único 9, entonces no existe una fracción común que se expanda en la fracción periódica dada. En todos los demás casos, esa fracción común que sirve como límite de la secuencia dada de segmentos de una fracción periódica, se expande en ella.

Esto significa que, habiendo escrito cualquier fracción periódica (pura o mixta), siempre que su período no consista en un solo nueve, siempre podemos encontrar una fracción común que se expanda en la fracción periódica dada; por el contrario, una fracción periódica que tiene el dígito 9 como su período no puede servir como la expansión de ninguna fracción común.

Demostración.

1) Sea dada cualquier fracción periódica con período 9, por ejemplo 5.28(9). Si existiera una fracción común que, al expandirse en una decimal, produjera 5.28(9), entonces, como sabemos, esta fracción común tendría que ser igual al límite de la secuencia de segmentos de la fracción periódica dada; pero para la fracción 5.28(9) este límite es, según el Teorema 5,

$$\frac{5289-528}{9\cdot 10^2}=\frac{5280+9-528}{9\cdot 10^2}=\frac{528\cdot 10-528+9}{9\cdot 10^2}=\frac{528\cdot 9+9}{9\cdot 10^2}=\frac{528+1}{10^2},$$

es decir, una fracción cuyo denominador no contiene factores primos distintos de 2 y 5; y tal fracción común, como sabemos, se expande en una fracción decimal finita, no periódica. Hemos llevado a cabo la demostración en un ejemplo (para mayor claridad), pero el razonamiento que hemos presentado evidentemente sigue siendo válido para cualquier fracción periódica con período 9.

2) Sea ahora dada una fracción periódica cuyo período consiste en varios dígitos, o en un solo dígito distinto de 9, por ejemplo 7.(23). En la demostración del Teorema 4 establecimos:

$$\overbrace{7.2323\ldots 23}^{n}=X_n$$

y vimos que, a medida que n crece,

$$7\frac{23}{99}=\frac{723-7}{99}=\text{el límite de } X_n;$$

más precisamente, teníamos allí

$$\frac{723-7}{99}-X_n=\frac{23}{100^n\cdot 99}<\frac{1}{100^n},$$

ya que $\frac{23}{99}<1$ (y es precisamente esta última desigualdad, que sigue siendo válida para cualquier período distinto de 9, lo que nos permite extender el razonamiento que llevamos a cabo para el ejemplo particular a cualquier fracción con un período distinto de 9). Pero esto significa que la fracción decimal finita X_n con denominador 100^n sirve para el número $\frac{723-7}{99}$ como una aproximación (por defecto) con precisión de $\frac{1}{100^n}$; tales aproximaciones son, como sabemos, aquellos segmentos que se obtienen al expandir el número dado en una fracción decimal; por lo tanto X_n es un segmento de la expansión del número $\frac{723-7}{99}$; y dado que n es arbitrario, la expansión del número $\frac{723-7}{99}$ como una fracción decimal coincide efectivamente con la fracción periódica dada 7.(23).

§ 194. Corolarios.

1) El denominador de una fracción común que se convierte en una fracción periódica pura, después de la reducción, no contiene factores 2 y 5, ya que según el Teorema 4 siempre puede representarse por un número que termina en el dígito 9 y, por lo tanto, no puede ser divisible por 2 o 5; mucho menos puede contener estos factores después de la reducción de la fracción.

2) El denominador de una fracción común que se convierte en una fracción periódica mixta contiene el factor 2, o 5, o ambos juntos.

De hecho, este denominador según el Teorema 5 puede representarse por un número que termina en cero y, por lo tanto, es divisible por ambos 2 y 5. Ambos factores podrían cancelarse con el numerador solo si el numerador terminara en cero. Pero el numerador se obtiene restando el número que está antes del primer período del número que está antes del segundo período; dado que el último dígito del período no puede ser el mismo que el último dígito antes del período (si el período comienza en el lugar adecuado), el numerador no puede terminar en cero. Por lo tanto, incluso después de la reducción (si es posible), quedará en el denominador el factor 2, o 5, o ambos juntos.

3) Una fracción común cuyo denominador no contiene factores 2 y 5 se convierte en una fracción periódica pura. Por ejemplo: $\frac{3}{7} = 0.(428571)$; $\frac{2}{3} = 0.(6)$; $\frac{5}{11} = 0.(45)$.

De hecho: 1) tal fracción debe convertirse en alguna fracción periódica (§ 180); 2) esta fracción periódica no puede ser mixta, porque en una fracción periódica mixta, como hemos visto, solo puede convertirse una fracción común cuyo denominador contiene factores 2 y 5. Por lo tanto, la fracción dada debe convertirse en una fracción periódica pura.

4) Una fracción común cuyo denominador, después de la reducción, junto con otros factores contiene el factor 2 o 5 (o ambos), se convierte en una fracción periódica mixta. Por ejemplo: $\frac{35}{42} = \frac{5}{6} = 0.8(3)$; $\frac{8}{15} = 0.5(3)$; $\frac{119}{450} = 0.26(4)$ y similares.

De hecho: 1) tal fracción debe convertirse en alguna fracción periódica; 2) esta fracción periódica no puede ser pura, porque una fracción periódica pura, como hemos visto, surge solo de una fracción común cuyo denominador no contiene factores 2 y 5. Por lo tanto, la fracción dada debe convertirse en una fracción periódica mixta.

Sección VI
MAGNITUDES PROPORCIONALES

I. Proporciones

§ 195. Proporciones. Se llama proporción a la igualdad de dos razones. Así, las igualdades

$$\frac{3}{4} = \frac{9}{12}, \quad \frac{10}{2\frac{1}{2}} = \frac{1\frac{1}{3}}{\frac{1}{3}}, \quad \frac{3\frac{1}{2}}{5} = \frac{\frac{1}{2}}{\frac{5}{7}}$$

son proporciones. Estas proporciones también se pueden escribir así:

$$3 : 4 = 9 : 12, \quad 10 : 2\frac{1}{2} = 1\frac{1}{3} : \frac{1}{3} \text{ y así sucesivamente.}$$

Estas proporciones se leen de la siguiente manera: 3 es a 4 como 9 es a 12; 10 es a $2\frac{1}{2}$ como $1\frac{1}{3}$ es a $\frac{1}{3}$, y así sucesivamente. Los términos de cada una de las dos razones que forman una proporción pueden ser números abstractos (como en los dos primeros ejemplos) o magnitudes de la misma denominación (como en el tercer ejemplo). En este último caso, es totalmente válido que los términos de la primera razón tengan una denominación (por ejemplo, kilogramos) y los términos de la segunda razón tengan otra completamente diferente (por ejemplo, metros); en este caso, cada una de las dos razones es un número abstracto, y la proporción representa la igualdad de estos dos números abstractos.

Cada proporción, evidentemente, tiene dos términos anteriores y dos términos posteriores. Los términos de las razones que forman la proporción también se llaman términos de la proporción. En la proporción

$$3 : 4 = 9 : 12$$

los términos 3 y 12 se llaman extremos, y los términos 4 y 9 se llaman medios. Cada uno de los términos de la proporción se llama cuarto proporcional a los otros tres términos.

§ 196. Propiedad fundamental de las proporciones. En este apartado hablaremos solo de proporciones cuyos términos son números abstractos.

Consideremos la proporción $\frac{3}{4} = \frac{9}{12}$; multipliquemos cada una de las dos razones iguales por el mismo número $4 \cdot 12$, es decir, por el producto de los términos posteriores; como resultado obtenemos nuevamente números iguales:

$$\frac{3 \cdot 4 \cdot 12}{4} = \frac{9 \cdot 4 \cdot 12}{12},$$

o, después de simplificar,

$$3 \cdot 12 = 9 \cdot 4.$$

Esta igualdad muestra que el producto de los extremos de una proporción es igual al producto de sus medios.

Pero es fácil comprobar que, inversamente, cuatro números elegidos de tal manera que el producto de dos de ellos sea igual al producto de los otros dos, siempre son términos de una proporción.

En efecto, tomemos, por ejemplo, la igualdad

$$4 \cdot 15 = 3 \cdot 20;$$

dividiendo ambos lados por el producto $15 \cdot 3$, obtenemos después de simplificar:

$$\frac{4}{3} = \frac{20}{15};$$

podríamos dividir ambos lados de la igualdad dada por otros productos, por ejemplo por $4 \cdot 3$, $4 \cdot 20$ o $15 \cdot 20$, y obtener así varias proporciones diferentes.

La única excepción a esta regla se da cuando en uno de los dos productos (o en ambos) ambos factores son ceros, por ejemplo $0 \cdot 5 = 0 \cdot 0$; en este caso, obviamente, no se puede formar una proporción con los números dados, porque en tal proporción al menos uno de los términos posteriores tendría que ser cero, lo cual, como sabemos, no es admisible.

En general, la propiedad fundamental de la proporción $\frac{a}{b} = \frac{c}{d}$ se escribe así:

$$ad = bc.$$

Inversamente, de la igualdad $ad = bc$ se sigue que

$$\frac{a}{b} = \frac{c}{d}, \quad \frac{a}{c} = \frac{b}{d}, \quad \frac{d}{b} = \frac{c}{a} \text{ y } \frac{d}{c} = \frac{b}{a}.$$

§ 197. Consecuencias de la propiedad fundamental.

1) Cada término extremo de una proporción es igual al producto de los medios dividido por el otro extremo, y cada término medio de una proporción es igual al producto de los extremos dividido por el otro medio. Esto nos permite encontrar un término desconocido de una proporción si los otros 3 términos son conocidos; por ejemplo, de la proporción

$$10 : x = 45 : 20,$$

donde x denota el término medio desconocido de la proporción, encontramos

$$x = \frac{10 \cdot 20}{45} = 4\frac{4}{9}.$$

2) Permutaciones de los términos de una proporción. En cada proporción se pueden permutar: 1) los términos medios, 2) los términos extremos y 3) los extremos

en lugar de los medios y viceversa. Estas permutaciones no alteran la proporción, porque no se altera la igualdad entre los productos de los extremos y los medios. Supongamos, por ejemplo, que tenemos la proporción:

$$1)4 : 7 = 12 : 21.$$

Permutando sus términos medios, obtenemos:

$$2)4 : 12 = 7 : 21.$$

Permutando los términos extremos en cada una de estas proporciones, obtenemos dos proporciones más:

$$3)21 : 7 = 12 : 4; \quad 4)21 : 12 = 7 : 4.$$

Finalmente, permutando en cada una de las cuatro proporciones obtenidas los medios en lugar de los extremos y viceversa, obtenemos cuatro proporciones más:

$$5)7 : 4 = 21 : 12; \quad 7)7 : 21 = 4 : 12;$$

$$6)12 : 4 = 21 : 7; \quad 8)12 : 21 = 4 : 7.$$

Podríamos también, en cada una de estas ocho proporciones, permutar las razones, es decir, poner la segunda razón primero y la primera segundo, pero esta permutación no daría una nueva proporción, como es fácil comprobar directamente. Si, por ejemplo, en la proporción 5 permutamos las razones, obtendríamos no una nueva proporción, sino la proporción 4. Por lo tanto, mediante todas las permutaciones posibles, se pueden obtener ocho proporciones a partir de una sola.

3) Verificación de una proporción. Basándonos en la misma propiedad fundamental, para verificar una proporción basta con asegurarse de que en ella el producto de los extremos es igual al producto de los medios. Por ejemplo, la proporción $4 : 7 = 868 : 1519$ es correcta, ya que $1519 \cdot 4 = 868 \cdot 7$.

§ 198. Promedio geométrico. Tomemos una proporción en la que los términos medios son iguales, por ejemplo:

$$36 : 12 = 12 : 4.$$

El término que se repite en tal proporción se llama promedio geométrico de los otros dos términos de la proporción. Así, 12 es el promedio geométrico de 36 y 4. Por lo tanto, si se requiere encontrar el promedio geométrico de dos números a y b, denotándolo con la letra x, podemos escribir la proporción:

$$a : x = x : b,$$

de donde

$$x^2 = ab.$$

Por lo tanto, el promedio geométrico de dos números dados es un tercer número cuyo cuadrado es igual al producto de los números dados[29].

§ 199. Promedio aritmético. El promedio aritmético de varios números dados es el cociente de la suma de estos números entre su cantidad. Por ejemplo, el promedio aritmético de los cuatro números: 10, 2, 8, 12 es igual a

$$\frac{10+2+8+12}{4}=\frac{32}{4}=8.$$

El promedio aritmético tiene la propiedad de que si al sumar los números dados reemplazamos cada uno de ellos por el promedio aritmético, la suma no cambiará. Así, la suma de los números 10, 2, 8 y 12 es igual a 32, y la suma $8+8+8+8$ también es igual a 32. Supongamos, por ejemplo, que la productividad de una fábrica durante los primeros cuatro meses del año actual aumentó: en enero en 10 000 pesos, en febrero en 2 000 pesos, en marzo en 8 000 pesos y en abril en 12 000 pesos. Entonces podemos decir que el aumento promedio de la productividad durante estos 4 meses es de 8 000 pesos por mes. Esto debe entenderse en el sentido de que la productividad de la fábrica durante los 4 meses fue la misma que habría sido si hubiera aumentado en la misma cantidad cada mes, es decir, en 8 000 pesos. En un sentido similar, a menudo se habla de ingreso promedio, velocidad promedio de movimiento, densidad promedio de población, etc. En todas estas expresiones se entiende que se trata del promedio aritmético.

§ 200. Proporciones derivadas. De una proporción se pueden obtener varias otras proporciones, llamadas proporciones derivadas, basándose en las siguientes consideraciones. Tomemos alguna razón, por ejemplo $7 : 21$. Si al término anterior le sumamos el posterior, y dejamos el posterior sin cambios, obtenemos una nueva razón $(21+7) : 7$, que obviamente es mayor que la anterior en 1 unidad. Si, por el contrario, al término anterior le restamos el posterior (si es posible, como en nuestro ejemplo), y dejamos el posterior sin cambios, obtenemos una nueva razón $(21-7) : 7$, que es menor que la anterior en 1 unidad. Habiendo notado esto, tomemos alguna proporción:

$$21 : 7 = 30 : 10$$

y formemos a partir de ella una nueva proporción de la siguiente manera:

$$(21+7) : 7 = (30+10) : 10.$$

(1) Esta proporción es correcta, porque cada razón en ella es mayor que las razones de la proporción dada en el mismo número, es decir, en 1 unidad. La proporción derivada que hemos formado se puede expresar así: la suma de los términos de la primera razón es a su término posterior como la suma de los términos de la segunda

[29] Por lo tanto, el promedio geométrico de dos números es igual a la raíz cuadrada del producto de los números dados.

razón es a su término posterior. Formemos ahora a partir de la proporción dada la siguiente:

$$(21 - 7) : 7 = (30 - 10) : 10.$$

(2) Esta proporción es correcta, porque cada razón en ella es menor que las razones de la proporción dada en el mismo número, es decir, en 1 unidad. La segunda proporción derivada que hemos formado se puede expresar así: la diferencia de los términos de la primera razón es a su término posterior como la diferencia de los términos de la segunda razón es a su término posterior. Permutando los términos de estas dos proporciones derivadas, se pueden obtener otras proporciones derivadas. Así, permutemos los términos medios en la primera proporción derivada y en la dada:

$$(21 + 7) : (30 + 10) = 7 : 10;$$

$$21 : 30 = 7 : 10.$$

En estas dos proporciones, las segundas razones son iguales, por lo que las primeras razones deben ser iguales:

$$(21 + 7) : (30 + 10) = 21 : 30.$$

Permutando los términos medios, obtenemos:

$$(21 + 7) : 21 = (30 + 10) : 30.$$

(3) Esta tercera proporción derivada se puede expresar así: la suma de los términos de la primera razón es a su término anterior como la suma de los términos de la segunda razón es a su término anterior. Permutemos los términos medios en la segunda proporción derivada y en la dada, obtenemos:

$$(21 - 7) : (30 - 10) = 7 : 10;$$

$$21 : 30 = 7 : 10;$$

de donde

$$(21 - 7) : (30 - 10) = 21 : 30,$$

o

$$(21 - 7) : 21 = (30 - 10) : 30.$$

(4) Esta cuarta proporción derivada se puede expresar así: la diferencia de los términos de la primera razón es a su término anterior como la diferencia de los términos de la segunda razón es a su término anterior. Permutando los términos medios en la primera y segunda proporciones derivadas, obtenemos:

$$(21 + 7) : (30 + 10) = 7 : 10,$$

$$(21 - 7) : (30 - 10) = 7 : 10,$$

de donde

$$(21 + 7) : (30 + 10) = (21 - 7) : (30 - 10),$$

o

$$(21 + 7) : (21 - 7) = (30 + 10) : (30 - 10).$$

(5) Esta quinta proporción derivada se puede expresar así: la suma de los términos de la primera razón es a su diferencia como la suma de los términos de la segunda razón es a su diferencia.

§ 201. Propiedad de las razones iguales. Indiquemos otra propiedad que pertenece no solo a una proporción, es decir, a la igualdad de dos razones, sino también a la igualdad de tres, cuatro o más razones. Tomemos varias razones iguales, por ejemplo:

$$40 : 10 = 20 : 5 = 8 : 2 = \ldots.$$

Como en toda razón el término anterior es igual al posterior multiplicado por la razón, y como en nuestro ejemplo cada razón es igual a 4, podemos escribir:

$$40 = 10 \cdot 4; \quad 20 = 5 \cdot 4; \quad 8 = 2 \cdot 4; \quad \ldots.$$

Sumemos los lados izquierdos de estas igualdades entre sí y los lados derechos entre sí. Obviamente, al sumar números iguales debemos obtener sumas iguales; por lo tanto,

$$40 + 20 + 8 + \cdots = 10 \cdot 4 + 5 \cdot 4 + 2 \cdot 4 + \ldots.$$

En el lado derecho de esta igualdad, los números 10, 5, 2, ... se multiplican por separado por 4 y los productos obtenidos se suman. En lugar de esto, se pueden sumar primero los números 10, 5, 2, ... y luego multiplicar la suma por 4. Por lo tanto, la última igualdad que hemos derivado se puede reescribir así:

$$40 + 20 + 8 + \cdots = (10 + 5 + 2 + \ldots) \cdot 4.$$

Dividamos ambos lados de esta igualdad por la suma $10 + 5 + 2 + \ldots$; la igualdad no se alterará, y obtenemos:

$$(40 + 20 + 8 + \ldots) : (10 + 5 + 2 + \ldots) = 4.$$

Pero cada una de las razones iguales que hemos tomado también es igual a 4; por lo tanto,

$$(40 + 20 + 8 + \ldots) : (10 + 5 + 2 + \ldots) = 40 : 10 = 20 : 5 = 8 : 2 = \ldots.$$

En general, si tenemos varias razones iguales:

$$\frac{a}{b} = \frac{a_1}{b_1} = \frac{a_2}{b_2} = \dots = q,$$

entonces

$$a = bq; \quad a_1 = b_1 q; \quad a_2 = b_2 q; \quad \dots .$$

Sumando estas igualdades, obtenemos:

$$a + a_1 + a_2 + \dots = bq + b_1 q + b_2 q + \dots = (b + b_1 + b_2 + \dots)q.$$

Ahora dividamos ambos lados de la igualdad por la suma $b + b_1 + b_2 + \dots$; la igualdad no se alterará:

$$\frac{a + a_1 + a_2 + \dots}{b + b_1 + b_2 + \dots} = q.$$

Pero cada una de las razones dadas también es igual a q; por lo tanto,

$$\frac{a + a_1 + a_2 + \dots}{b + b_1 + b_2 + \dots} = \frac{a}{b} = \frac{a_1}{b_1} = \frac{a_2}{b_2} = \dots .$$

Así, si varias razones son iguales entre sí, entonces la suma de todos sus términos anteriores es a la suma de todos sus términos posteriores como cualquier término anterior es a su término posterior.

Toda proporción es una igualdad de dos razones; por lo tanto, la propiedad que hemos indicado pertenece en particular a toda proporción.

II. Dependencia proporcional de las magnitudes

§ 202. Magnitudes directamente proporcionales. Supongamos que 3 m de tela cuestan 360 pesos; entonces el doble de tela, es decir, 6 m, costará el doble, es decir, $360 \cdot 2 = 720$ pesos; el triple de tela, es decir, 9 m, costará el triple, es decir, $360 \cdot 3 = 1080$ pesos, y así sucesivamente. En general, si una cantidad dada de mercancía se aumenta cualquier número de veces, su costo también se aumentará el mismo número de veces; si una cantidad dada de mercancía se reduce varias veces, su costo también se reducirá el mismo número de veces. Si dos magnitudes están relacionadas de tal manera que el aumento (disminución) de una de ellas en varias veces necesariamente implica el aumento (disminución) de la otra en el mismo número de veces, entonces tales dos magnitudes se llaman directamente proporcionales. Así, la cantidad de mercancía y su costo son magnitudes directamente proporcionales. De la misma manera: el peso de un cuerpo homogéneo (por ejemplo, el peso de un trozo de hierro) es directamente proporcional a su volumen; la longitud del camino recorrido por un cuerpo que se mueve uniformemente (por ejemplo, un tren) es directamente proporcional a la duración del movimiento; el valor de una fracción con un denominador constante es directamente proporcional a su numerador, etc.

Si en un trozo de tela hay 4 m, y en otro hay 10 m, entonces el segundo trozo es $\frac{10}{4} = 2\frac{1}{2}$ veces mayor que el primero; por lo tanto, el costo del segundo trozo es $2\frac{1}{2}$ veces mayor que el costo del primero, es decir,

$$\frac{\text{costo de } 10}{\text{costo de } 4} = \frac{10}{4} \left(= 2\,\frac{1}{2}\right).$$

Así, si dos magnitudes son directamente proporcionales, entonces la razón de dos valores cualesquiera de la primera magnitud es igual a la razón de los valores correspondientes de la segunda magnitud.

§ 203. Problema. 8 m de tela cuestan 960 pesos; ¿cuánto cuestan 15 m de la misma tela?

1) Solución por el método de reducción a la unidad. El costo de la tela es proporcional al número de metros; por lo tanto, 1 m cuesta 8 veces menos que 8 m, y 15 m cuestan 15 veces más que 1 m; pero 8 m cuestan 960 pesos, por lo tanto,

$$1 \text{ m cuesta } \frac{960}{8} = 120 \text{ pesos,}$$

$$15 \text{ m cuestan } \frac{960}{8} \cdot 15 = 1800 \text{ pesos.}$$

El método con el que resolvimos este problema se llama reducción a la unidad, ya que, para encontrar el costo de 15 m de tela, primero encontramos el costo de 1 m.

2) Solución del problema mediante una proporción.

Denotando por x el costo de 15 m de tela, por la regla del § 202 tendremos la proporción:

$$x : 960 = 15 : 8,$$

de donde

$$x = \frac{960 \cdot 15}{8} = 1800 \text{ pesos.}$$

§ 204. Expresión de la dependencia proporcional mediante una fórmula. Supongamos que tenemos dos magnitudes proporcionales A y B, y supongamos que cuando la magnitud A es igual a la unidad (de magnitudes de este tipo), entonces la otra magnitud B se vuelve igual a k unidades (de magnitudes de este otro tipo). Si ahora suponemos que la magnitud A toma algún valor x unidades, entonces el valor de la magnitud B ya no será k unidades, sino algún otro número, que denotaremos por y. Expresemos esto, para mayor claridad, mediante la siguiente tabla:

A	B
1	k
x	y

Como por condición las magnitudes A y B son proporcionales, la razón $1 : x$ debe ser igual a la razón $k : y$. Por lo tanto, podemos escribir la proporción:

$$1 : x = k : y,$$

de donde encontramos:

$$y = kx.$$

Con esta fórmula podemos encontrar fácilmente el número y correspondiente a cualquier valor de x, siempre que se conozca el número k. Si, por ejemplo, $x = 1, 2, 3, 4, 4\,\frac{1}{2}, 9\,\frac{3}{4}, \ldots$ y así sucesivamente, entonces y será respectivamente igual a $k, 2k, 3k, 4k, 4\,\frac{1}{2}k, 9\,\frac{3}{4}k$ y así sucesivamente.

Así, si dos magnitudes son proporcionales, la dependencia entre ellas puede expresarse mediante la fórmula: $y = kx$, en la cual y y x son números variables que expresan los valores correspondientes de las magnitudes consideradas, y k es un número constante igual al valor particular de y que corresponde al valor $x = 1$. Este número suele llamarse coeficiente de proporcionalidad (de y con respecto a x). Por ejemplo, aplicando esta fórmula a nuestro problema (§ 203), podemos escribir:

$$\text{costo de la tela} = k \times \text{cantidad de tela},$$

donde k es el valor del costo cuando la cantidad de tela es igual a una unidad. Por lo tanto, si el costo se expresa en pesos y la cantidad en metros, k es el precio de 1 m (120 pesos).

§ 205. Magnitudes inversamente proporcionales. Consideremos el siguiente problema: 6 trabajadores terminan cierto trabajo en 18 días. ¿En cuántos días terminarán el mismo trabajo 9 personas, trabajando con la misma eficiencia que los primeros?

En este problema también se habla de dos magnitudes: el número de trabajadores y la duración del trabajo. Estas magnitudes dependen una de la otra, porque al cambiar una, la otra también cambia. Pero esta dependencia es diferente a la del problema en § 203. Allí, al aumentar una magnitud 2, 3, etc. veces, la otra magnitud aumentaba en la misma proporción. Aquí, si se duplica el número de trabajadores, la duración del mismo trabajo se reduce a la mitad; por el contrario, si, por ejemplo, el número de trabajadores se reduce a un tercio, entonces la duración del trabajo dado, obviamente, se triplicará.

Si al aumentar (disminuir) una de dos magnitudes varias veces, la otra magnitud disminuye (aumenta) en la misma proporción, entonces estas dos magnitudes se llaman inversamente proporcionales.

Así, el número de trabajadores y la duración de un trabajo dado son magnitudes inversamente proporcionales.

Del mismo modo: el peso de la mercancía que se puede comprar con una suma de dinero dada (por ejemplo, 100 rublos) es inversamente proporcional al precio por unidad de peso de esa mercancía; el tiempo que tarda un cuerpo en movimiento uniforme en recorrer una distancia dada es inversamente proporcional a la velocidad del movimiento; el valor de una fracción con un numerador constante es inversamente proporcional a su denominador, etc.

Si en un equipo hay 6 trabajadores y en otro hay 9 trabajadores, es decir, $1\frac{1}{2}$ veces más, entonces el segundo equipo terminará el mismo trabajo en $1\frac{1}{2}$ veces menos tiempo que el primero, es decir:

$$\frac{\begin{array}{c}\text{duración del trabajo}\\ \text{del 1er equipo}\end{array}}{\begin{array}{c}\text{duración del trabajo}\\ \text{del 2do equipo}\end{array}} = \frac{\begin{array}{c}\text{número de trabajadores}\\ \text{del 2do equipo}\end{array}}{\begin{array}{c}\text{número de trabajadores}\\ \text{del 1er equipo}\end{array}} \left(= 1\frac{1}{2}\right).$$

$$\frac{\begin{array}{c}\text{duración del trabajo}\\ \text{del 2do equipo}\end{array}}{\begin{array}{c}\text{duración del trabajo}\\ \text{del 1er equipo}\end{array}} = \frac{\begin{array}{c}\text{número de trabajadores}\\ \text{del 1er equipo}\end{array}}{\begin{array}{c}\text{número de trabajadores}\\ \text{del 2do equipo}\end{array}}$$

Por lo tanto, si dos magnitudes son inversamente proporcionales, entonces la razón de dos valores cualesquiera de la primera magnitud es igual a la razón inversa de los valores correspondientes de la segunda magnitud.

§ 206. Pasemos ahora a resolver el problema planteado al inicio de § 205.

1) Solución mediante el método de reducción a la unidad. El número de días es inversamente proporcional al número de trabajadores; por lo tanto, 1 persona terminará el trabajo en un número de días 6 veces mayor que el número de días en que 6 personas terminarán el mismo trabajo; y 9 personas terminarán este trabajo en un número de días 9 veces menor que el número de días en que 1 persona lo terminará. Pero 6 personas terminan el trabajo en 18 días; por lo tanto, 1 persona lo terminará en $18 \cdot 6 = 108$ días, y 9 personas terminarán el mismo trabajo en $\frac{18 \cdot 6}{9} = 12$ días.

2) Solución mediante una proporción. Denotando por x el número desconocido de días en que 9 trabajadores terminarán el trabajo, según la regla de § 205 tendremos la proporción:

$$\frac{18}{x} = \frac{9}{6},$$

de donde

$$x = \frac{18 \cdot 6}{9} = 12 \text{ días.}$$

Observación. Para que dos magnitudes dependientes entre sí sean proporcionales (directa o inversamente), no es suficiente solo que una de estas magnitudes aumente cuando la otra también aumente (para la proporcionalidad directa), o que una magnitud aumente cuando la otra disminuya (para la proporcionalidad inversa). Por ejemplo, si un sumando aumenta, la suma también aumenta; pero sería incorrecto decir que la suma es directamente proporcional al sumando, ya que si aumentamos el sumando, digamos, 3 veces, la suma aumentará, pero no 3 veces. De manera similar, no se puede decir, por ejemplo, que la diferencia de dos números es inversamente proporcional al sustraendo, ya que si el sustraendo aumenta, digamos, 2 veces, la diferencia disminuirá, pero no 2 veces. Para la proporcionalidad, es necesario que el aumento y la disminución de ambas magnitudes ocurran en la misma proporción.

§ 207. Expresión de la dependencia proporcional inversa mediante una fórmula. Sean A y B dos magnitudes inversamente proporcionales y supongamos que cuando la magnitud A es igual a uno (de este tipo de magnitudes), entonces la otra magnitud B será igual a k unidades (de este otro tipo de magnitudes). Si suponemos que la magnitud A toma un valor x unidades, entonces la magnitud B tomará un valor y en lugar de su valor anterior (k unidades). Para mayor claridad, escribamos esto en la siguiente tabla:

A	B
1	k
x	y

Como las magnitudes A y B son inversamente proporcionales por condición, la razón $1 : x$ es igual a la razón inversa de $k : y$, es decir, la razón $y : k$. Por lo tanto, podemos escribir la proporción:

$$1 : x = y : k,$$

de donde encontramos:

$$y = \frac{k}{x} \quad (\text{o } xy = k).$$

Por lo tanto, si dos magnitudes son inversamente proporcionales, entonces la dependencia entre ellas puede expresarse mediante la fórmula: $y = \frac{k}{x}$ (o, de otra manera, mediante la fórmula $xy = k$), donde x y y son valores correspondientes de estas magnitudes, y k es un número constante igual al valor de y cuando $x = 1$.

Con esta fórmula podemos calcular el valor de y para cualquier valor dado de x, siempre que se conozca el número k. Así, si $x = 1, 2, 3, 4, 4\frac{1}{2}, \ldots$, entonces

$$y = k, \frac{k}{2}, \frac{k}{3}, \frac{k}{4}, \frac{k}{4\frac{1}{2}}, \ldots$$

Para nuestro problema (§ 205) sobre la duración del trabajo, el número constante k es el número de días correspondiente a un trabajador (108 días); entonces 2 trabajadores terminarán el trabajo en $\frac{108}{2} = 54$ días, 3 trabajadores en $\frac{108}{3} = 36$ días, etc.

§ 208. Ejemplo de un problema sobre magnitudes proporcionales cuando hay más de dos.

Problema. En 5 estufas de queroseno idénticas, que funcionaron 24 días durante 6 horas diarias, se consumieron 120 litros de queroseno. ¿Para cuántos días alcanzarán 216 litros de queroseno si 9 de estas estufas funcionan 8 horas al día?

Organizamos los datos del problema de la siguiente manera: 120 L — 5 estufas — 6 horas — 24 días; 216 L — 9 estufas — 8 horas — x días.

Vemos que tanto el suministro de queroseno, como el número de estufas, como el tiempo de funcionamiento diario han cambiado en las nuevas condiciones; es difícil tener en cuenta el efecto de todos estos cambios a la vez; por lo tanto, primero supondremos que solo uno de los números dados cambia, por ejemplo, el suministro de queroseno, mientras que los demás permanecen sin cambios. Obtenemos el siguiente problema: ¿para cuántos días alcanzarán 216 L de queroseno si las mismas 5 estufas funcionan como antes, 6 horas al día? Si en estas condiciones 120 L alcanzan para 24 días, entonces 216 L alcanzarán para $\frac{24 \cdot 216}{120}$ días, ya que el número de días es evidentemente directamente proporcional a la cantidad de queroseno consumido. Ahora podemos hacer la siguiente anotación:

216 L — 5 estufas — 6 horas — $\frac{24 \cdot 216}{120}$ días.

Ahora cambiaremos el número de estufas, dejando sin cambios el suministro de queroseno (216 L) y el tiempo de funcionamiento diario (6 horas). Es evidente que si en lugar de cinco estufas solo funciona una, entonces el mismo suministro de queroseno, con el mismo tiempo de funcionamiento diario, alcanzará para un número de días 5 veces mayor, y si en lugar de una estufa funcionan 9, entonces alcanzará para un número de días 9 veces menor (el número de días es inversamente proporcional al número de estufas); por lo tanto, podemos hacer la siguiente anotación:

216 L — 9 estufas — 6 horas — $\frac{24 \cdot 216 \cdot 5}{120 \cdot 9}$ días.

Nos queda cambiar el número de horas de funcionamiento diario. Es evidente que, para un suministro dado de queroseno y un número dado de estufas, el número de días aumentará (disminuirá) en la misma proporción en que disminuyamos (aumentemos) el número de horas de funcionamiento diario. En otras palabras, el número de días de funcionamiento y el número de horas de funcionamiento diario son inversamente proporcionales. Por lo tanto, al pasar de 6 horas a 8 horas de funcionamiento diario, debemos multiplicar el número de días obtenido en la última anotación por 6 y dividir por 8. Esto da la siguiente anotación:

216 L — 9 estufas — 8 horas — $\frac{24 \cdot 216 \cdot 5 \cdot 6}{120 \cdot 9 \cdot 8}$ días; por lo tanto,

$$x = \frac{24 \cdot 216 \cdot 5 \cdot 6}{120 \cdot 9 \cdot 8} = 18 \text{ días.}$$

III. Problemas de división proporcional

§ 209. Problema 1. Dividir 84 en 3 partes proporcionalmente a la serie de números: 7, 5 y 2.

Esto se debe entender de la siguiente manera: dividir 84 en tres partes tales que la primera parte se relacione con 7, como la segunda con 5 y como la tercera con 2.

Denotemos las partes buscadas con las letras x_1, x_2, x_3. El problema requiere que estas partes satisfagan las siguientes proporciones:

$$\frac{x_1}{7} = \frac{x_2}{5} = \frac{x_3}{2}.$$

De aquí, por la propiedad de las razones iguales (§ 201), encontramos:

$$\frac{x_1 + x_2 + x_3}{7 + 5 + 2} = \frac{x_1}{7} = \frac{x_2}{5} = \frac{x_3}{2}.$$

Pero $x_1 + x_2 + x_3 = 84$ y $7 + 5 + 2 = 14$; por lo tanto, podemos reescribir la línea anterior de la siguiente manera:

$$\frac{84}{14} = \frac{x_1}{7}; \quad \frac{84}{14} = \frac{x_2}{5}; \quad \frac{84}{14} = \frac{x_3}{2}.$$

De aquí deducimos:

$$x_1 = \frac{84}{14} \cdot 7 = 42; \quad x_2 = \frac{84}{14} \cdot 5 = 30; \quad x_3 = \frac{84}{14} \cdot 2 = 12,$$

es decir, llegamos a la siguiente regla:

Regla. Para dividir un número en partes proporcionalmente a números dados, se debe dividir el número por la suma de estos números y multiplicar el cociente sucesivamente por cada uno de estos números.

§ 210. Problema 2. Dividir 968 en 4 partes proporcionalmente a la serie de números: $1\frac{1}{2}$; $\frac{3}{4}$; $\frac{2}{5}$; $\frac{3}{8}$.

Primero, reemplacemos la serie dada de números fraccionarios por una serie de números enteros. Para ello, reduzcamos todas las fracciones a un denominador común y convirtamos la fracción mixta en una fracción impropia:

$$1\frac{1}{2} = \frac{60}{40}; \quad \frac{3}{4} = \frac{30}{40}; \quad \frac{2}{5} = \frac{16}{40}; \quad \frac{3}{8} = \frac{15}{40}.$$

Denotando los números buscados por x_1, x_2, x_3, x_4, obtenemos por lo tanto:

$$\frac{x_1}{\frac{60}{40}} = \frac{x_2}{\frac{30}{40}} = \frac{x_3}{\frac{16}{40}} = \frac{x_4}{\frac{15}{40}},$$

o, reduciendo todas las razones por un factor de 40 (eliminando el denominador 40 en los términos siguientes),

$$\frac{x_1}{60} = \frac{x_2}{30} = \frac{x_3}{16} = \frac{x_4}{15},$$

después de lo cual el problema se resuelve como el Problema 1.

Nota. El Problema 2 también se puede resolver directamente mediante la regla indicada para el Problema 1; sin embargo, para simplificar los cálculos, es más conveniente primero reemplazar los términos siguientes de las razones por números enteros, como se hace en el texto.

§ 211. Problema 3. Dividir 125 en 4 partes tales que la primera parte sea a la segunda como 2 : 3, la segunda a la tercera como 3 : 5, y la tercera a la cuarta como 5 : 6.

Denotando las partes buscadas por x_1, x_2, x_3, x_4, tenemos:

$$x_1 : x_2 = 2 : 3, \quad x_2 : x_3 = 3 : 5, \quad x_3 : x_4 = 5 : 6;$$

intercambiando los términos medios en estas proporciones, encontramos:

$$x_1 : 2 = x_2 : 3, \quad x_2 : 3 = x_3 : 5, \quad x_3 : 5 = x_4 : 6,$$

o

$$\frac{x_1}{2} = \frac{x_2}{3} = \frac{x_3}{5} = \frac{x_4}{6},$$

después de lo cual el problema se resuelve como el Problema 1.

§ 212. Problema 4. Dividir 125 en 4 partes tales que la primera parte sea a la segunda como 2 : 3, la segunda a la tercera como 4 : 5, y la tercera a la cuarta como 6 : 11.

Este problema es similar en apariencia al Problema 3. Sin embargo, hay una diferencia esencial entre estos problemas. En el Problema 3, las razones 2 : 3, 3 : 5 y 5 : 6 son tales que el término siguiente de la primera razón es igual al término anterior de la segunda, y el término siguiente de la segunda razón es igual al término anterior de la tercera. Por lo tanto, se puede decir que en el primer problema se requiere dividir 125 en 4 partes proporcionalmente a la serie de números 2, 3, 5, 6. Por lo tanto, este problema no difiere en nada del Problema 1.

En el segundo problema, las razones entre las partes 2 : 3, 4 : 5 y 6 : 11 son tales que el término siguiente de una razón no es igual al término anterior de la siguiente razón. Sin embargo, este caso también se puede resolver mediante un razonamiento similar al anterior.

Denotando las partes buscadas por las letras x_1, x_2, x_3 y x_4, podemos escribir las siguientes tres proporciones:

$$x_1 : x_2 = 2 : 3; \quad x_2 : x_3 = 4 : 5; \quad x_3 : x_4 = 6 : 11.$$

Intercambiando los términos medios en las proporciones escritas, encontramos:

$$x_1 : 2 = x_2 : 3, \quad (1)$$

$$x_2 : 4 = x_3 : 5, \quad (2)$$

$$x_3 : 6 = x_4 : 11; \quad (3)$$

de la proporción (2) encontramos:

$$x_2 = \frac{4 \cdot x_3}{5},$$

de donde

$$\frac{x_2}{3} = \frac{4x_3}{5 \cdot 3} = \frac{x_3}{\frac{15}{4}}.$$

Además, de la proporción (3) encontramos:

$$x_3 = \frac{6 \cdot x_4}{11},$$

de donde

$$\frac{x_3}{\frac{15}{4}} = \frac{6x_4}{11 \cdot \frac{15}{4}} = \frac{x_4}{\frac{55}{8}};$$

por lo tanto,

$$\frac{x_1}{2} = \frac{x_2}{3} = \frac{x_3}{\frac{15}{4}} = \frac{x_4}{\frac{55}{8}},$$

después de lo cual el problema se resuelve como el Problema 2.

§ 213. Problema 5. Dividir el número a inversamente proporcionalmente a los números m, n y p.

Esto significa que se requiere dividir el número a en partes directamente proporcionales a los recíprocos de los números m, n y p, es decir, directamente proporcionales a los números $\frac{1}{m}$, $\frac{1}{n}$ y $\frac{1}{p}$. Denotando las partes buscadas por x_1, x_2 y x_3, tenemos por lo tanto:

$$x_1 : \frac{1}{m} = x_2 : \frac{1}{n} = x_3 : \frac{1}{p};$$

de aquí

$$x_1 : x_2 = \frac{1}{m} : \frac{1}{n} = n : m,$$

$$x_2 : x_3 = \frac{1}{n} : \frac{1}{p} = p : n,$$

es decir, si los números x_1, x_2, x_3 son inversamente proporcionales a los números m, n, p, entonces la razón de x_1 a x_2 es igual a la razón de n a m (y no de m a n, como en la proporcionalidad directa); de manera similar, la razón de x_2 a x_3 es igual a la razón de p a n (y no de n a p, como en la proporcionalidad directa).

§ 214. Ejemplo de un problema más complejo sobre división proporcional. Por la copia de un manuscrito se pagaron 123 rublos. La copia fue realizada por tres mecanógrafas; la primera trabajó 8 horas, copiando 6 páginas por hora; la segunda trabajó 6 horas, copiando 10 páginas por hora; la tercera trabajó 7 horas, copiando 8 páginas por hora. ¿Cuánto ganó cada mecanógrafa?

Si la productividad de las tres mecanógrafas fuera la misma, entonces la suma ganada debería distribuirse en proporción al tiempo de trabajo. Por otro lado, si todas hubieran trabajado el mismo número de horas, entonces las ganancias deberían distribuirse en proporción a su productividad. Pero en realidad, tanto el tiempo de trabajo como la productividad son diferentes para las tres mecanógrafas. Por lo tanto, para resolver el problema razonamos de la siguiente manera. La primera mecanógrafa, trabajando 8 horas, copió 6 páginas por hora y, por lo tanto, copió en total $6 \cdot 8$ páginas; de manera similar, la segunda copió $10 \cdot 6$ páginas y la tercera $8 \cdot 7$ páginas. Por lo tanto, la suma total de las ganancias, es decir, 123 rublos, debe dividirse en proporción a los productos $6 \cdot 8$, $10 \cdot 6$ y $8 \cdot 7$, es decir, en proporción a los números 48, 60 y 56, o, después de reducir, a los números 12, 15 y 14. Denotando los números buscados por x_1, x_2 y x_3, encontramos por lo tanto:

$$x_1 = \frac{123 \cdot 12}{12 + 15 + 14} = \frac{123 \cdot 12}{41} = 3 \cdot 12 = 36 \text{ rublos},$$

$$x_2 = \frac{123 \cdot 15}{41} = 3 \cdot 15 = 45 \text{ rublos},$$

$$x_3 = \frac{123 \cdot 14}{41} = 3 \cdot 14 = 42 \text{ rublos}.$$

Tabla de números primos no mayores que 6000

2	3	5	7	11	13	17	19	23	29	31	37
41	43	47	53	59	61	67	71	73	79	83	89
97	101	103	107	109	113	127	131	137	139	149	151
157	163	167	173	179	181	191	193	197	199	211	223
227	229	233	239	241	251	257	263	269	271	277	281
283	293	307	311	313	317	331	337	347	349	353	359
367	373	379	383	389	397	401	409	419	421	431	433
439	443	449	457	461	463	467	479	487	491	499	503
509	521	523	541	547	557	563	569	571	577	587	593
599	601	607	613	617	619	631	641	643	647	653	659
661	673	677	683	691	701	709	719	727	733	739	743
751	757	761	769	773	787	797	809	811	821	823	827
829	839	853	857	859	863	877	881	883	887	907	911
919	929	937	941	947	953	967	971	977	983	991	997
1009	1013	1019	1021	1031	1033	1039	1049	1051	1061	1063	1069
1087	1091	1093	1097	1103	1109	1117	1123	1129	1151	1153	1163
1171	1181	1187	1193	1201	1213	1217	1223	1229	1231	1237	1249
1259	1277	1279	1283	1289	1291	1297	1301	1303	1307	1319	1321
1327	1361	1367	1373	1381	1399	1409	1423	1427	1429	1433	1439
1447	1451	1453	1459	1471	1481	1483	1487	1489	1493	1499	1511
1523	1531	1543	1549	1553	1559	1567	1571	1579	1583	1597	1601
1607	1609	1613	1619	1621	1627	1637	1657	1663	1667	1669	1693
1697	1699	1709	1721	1723	1733	1741	1747	1753	1759	1777	1783
1787	1789	1801	1811	1823	1831	1847	1861	1867	1871	1873	1877
1879	1889	1901	1907	1913	1931	1933	1949	1951	1973	1979	1987
1993	1997	1999	2003	2011	2017	2027	2029	2039	2053	2063	2069
2081	2083	2087	2089	2099	2111	2113	2129	2131	2137	2141	2143
2153	2161	2179	2203	2207	2213	2221	2237	2239	2243	2251	2267
2269	2273	2281	2287	2293	2297	2309	2311	2333	2339	2341	2347
2351	2357	2371	2377	2381	2383	2389	2393	2399	2411	2417	2423
2437	2441	2447	2459	2467	2473	2477	2503	2521	2531	2539	2543
2549	2551	2557	2579	2591	2593	2609	2617	2621	2633	2647	2657
2659	2663	2671	2677	2683	2687	2689	2693	2699	2707	2711	2713
2719	2729	2731	2741	2749	2753	2767	2777	2789	2791	2797	2801
2803	2819	2833	2837	2843	2851	2857	2861	2879	2887	2897	2903
2909	2917	2927	2939	2953	2957	2963	2969	2971	2999	3001	3011
3019	3023	3037	3041	3049	3061	3067	3079	3083	3089	3109	3119
3121	3137	3163	3167	3169	3181	3187	3191	3203	3209	3217	3221
3229	3251	3253	3257	3259	3271	3299	3301	3307	3313	3319	3323
3329	3331	3343	3347	3359	3361	3371	3373	3389	3391	3407	3413
3433	3449	3457	3461	3463	3467	3469	3491	3499	3511	3517	3527
3529	3533	3539	3541	3547	3557	3559	3571	3581	3583	3593	3607
3613	3617	3623	3631	3637	3643	3659	3671	3673	3677	3691	3697
3701	3709	3719	3727	3733	3739	3761	3767	3769	3779	3793	3797
3803	3821	3823	3833	3847	3851	3853	3863	3877	3881	3889	3907
3911	3917	3919	3923	3929	3931	3943	3947	3967	3989	4001	4003
4007	4013	4019	4021	4027	4049	4051	4057	4073	4079	4091	4093
4099	4111	4127	4129	4133	4139	4153	4157	4159	4177	4201	4211
4217	4219	4229	4231	4241	4243	4253	4259	4261	4271	4273	4283
4289	4297	4327	4337	4339	4349	4357	4363	4373	4391	4397	4409
4421	4423	4441	4447	4451	4457	4463	4481	4483	4493	4507	4513
4517	4519	4523	4547	4549	4561	4567	4583	4591	4597	4603	4621
4637	4639	4643	4649	4651	4657	4663	4673	4679	4691	4703	4721
4723	4729	4733	4751	4759	4783	4787	4789	4793	4799	4801	4813
4817	4831	4861	4871	4877	4889	4903	4909	4919	4931	4933	4937
4943	4951	4957	4967	4969	4973	4987	4993	4999	5003	5009	5011
5021	5023	5039	5051	5059	5077	5081	5087	5099	5101	5107	5113
5119	5147	5153	5167	5171	5179	5189	5197	5209	5227	5231	5233
5237	5261	5273	5279	5281	5297	5303	5309	5323	5333	5347	5351
5381	5387	5393	5399	5407	5413	5417	5419	5431	5437	5441	5443
5449	5471	5477	5479	5483	5501	5503	5507	5519	5521	5527	5531
5557	5563	5569	5573	5581	5591	5623	5639	5641	5647	5651	5653
5657	5659	5669	5683	5689	5693	5701	5711	5717	5737	5741	5743
5749	5779	5783	5791	5801	5807	5813	5821	5827	5839	5843	5849
5851	5857	5861	5867	5869	5879	5881	5897	5903	5923	5927	5939
5953	5981	5987									

www.ingramcontent.com/pod-product-compliance
Lightning Source LLC
LaVergne TN
LVHW060547061126
851857LV00017B/1928
9781919012704